愛知大学綜合郷土研究所ブックレット

21

穂国のコモンズ豊川

森と海をつなぐ命の流れ

松倉源造

目　次

命のみなもと　豊川の自然

撮影＝横山良哲＋松倉源造＋加藤貞亨

①大島川右岸にそそり立つ流紋岩質凝灰岩（加藤）

②宇連川上流・名号橋から望む川床（横山）

③宇連川のポットホール
旧鳳来町能登勢（横山）

④名号池（手前の淵）と馬背岩をつくる安山岩脈の一部（横山）
奥は湯谷温泉街

⑤豊川の水辺は豊かな自然とのふれあいの場
布里のサイクリングセンター横の寒狭川
（松倉）

⑦幻想的な静けさの瀞場（松倉）

⑥牛淵橋から見た長篠合流点
付近の牛淵（横山）

⑧吉祥山から豊川を挟んで本宮山系を望む
（右側は鳳来・設楽の山並み）
赤線は中央構造線を表している（横山）

I　穂国《ほのくに》のコモンズ・豊川《とよがわ》

第1章　豊川とはどういう川か

◉──1　カヌーで深き渓流を下る

一九八〇年代後半、日本列島はバブル景気に沸いた。いわゆるリゾート法の施行により、東三河でも臨海部にリゾート開発が進められ、アウトドアブームも手伝って山間部までじつに二〇か所ものゴルフ場造成が計画された。豊川ではカヌーやゲーム・フィッシングが一気に盛り上がり、その余韻はバブル崩壊後もしばらく続いた。新城から上流の渓流ではカヌー競技や筏カーニバルが人気を集めた。こんななか、筆者もアウトドア・ショップの知人とカヌー下りを体験することとなった。

寒狭・宇連両川の合流点牛淵から下流およそ七㎞の渓谷美をその時の体験を添えて紹介しよう。時は一九九五年一〇月下旬のある日。この夏は観測史上にもまれな酷暑で雨も降らず、豊川も渇水状態であった。だが一〇月に入り台風襲来があり、豊川は近年になく一気に増水し、その日も常より水嵩《みずかさ》は高かった。

二人とも用意されていたライフ・ジャケットに皮のブーツで身を固め、寒狭川との合流点間近かの宇連川にカナディアン・カヌーを浮かべる。午前一〇時。

カヌーで川を楽しむ子どもたち

N
碁盤石山
段戸山（鷹巣山）
古町高山
仏庫裡
豊川（寒狭川）
澄川
本谷川
裏谷
宇連
境川
寒狭山
椹尾谷川
松戸橋
田口
設楽ダム（建設段階）
大鈴山
平山
鹿島山
明神山
野々瀬川
岩小谷山
三ツ瀬
出来山
鰻沢
栃洞川
栗島川
桑平新田
寒
呼間川
鞍掛山
明神山
三
宇連ダム
乳岩川
亀淵川
田峯
当貝津川
豊邦
竜頭山
狭
大輪橋
源氏橋
宇連山
愛知県民の森
棚山
大津谷川
川合
大島ダム
名号
大島川
能登勢
湯谷温泉
海老川
只持
鳳来寺山
槇原川
島田川
作手
布里測水点
寒狭川頭首工
布里ダム（中止）
長楽
長篠発電所
寒狭川導水路
輪
真立川
阿寺川
大野頭首工
鳳来大橋
本長篠
内金
長篠城址
長篠橋
御岳山
巴川
小川
黄柳川
乗本
川
牛渕→
川
雁峯山
牛渕橋
有海
五反田川
有海原川
←長走り（瀬）
牛倉
豊川用水西部幹線
市川
豊川用水東西分水工
大宮川
連吾川
←ロクダン・ナガトロ（瀞）・ジャンマイ
下川路
舟着山
早滝橋
青石の瀬→
豊
豊川用水東部幹線
弁天橋
日吉
新城市◎
鯉淵↓
大入川
新城橋
↑桜淵
川
至豊橋
石田測水点

豊川流域概略図（上流域）

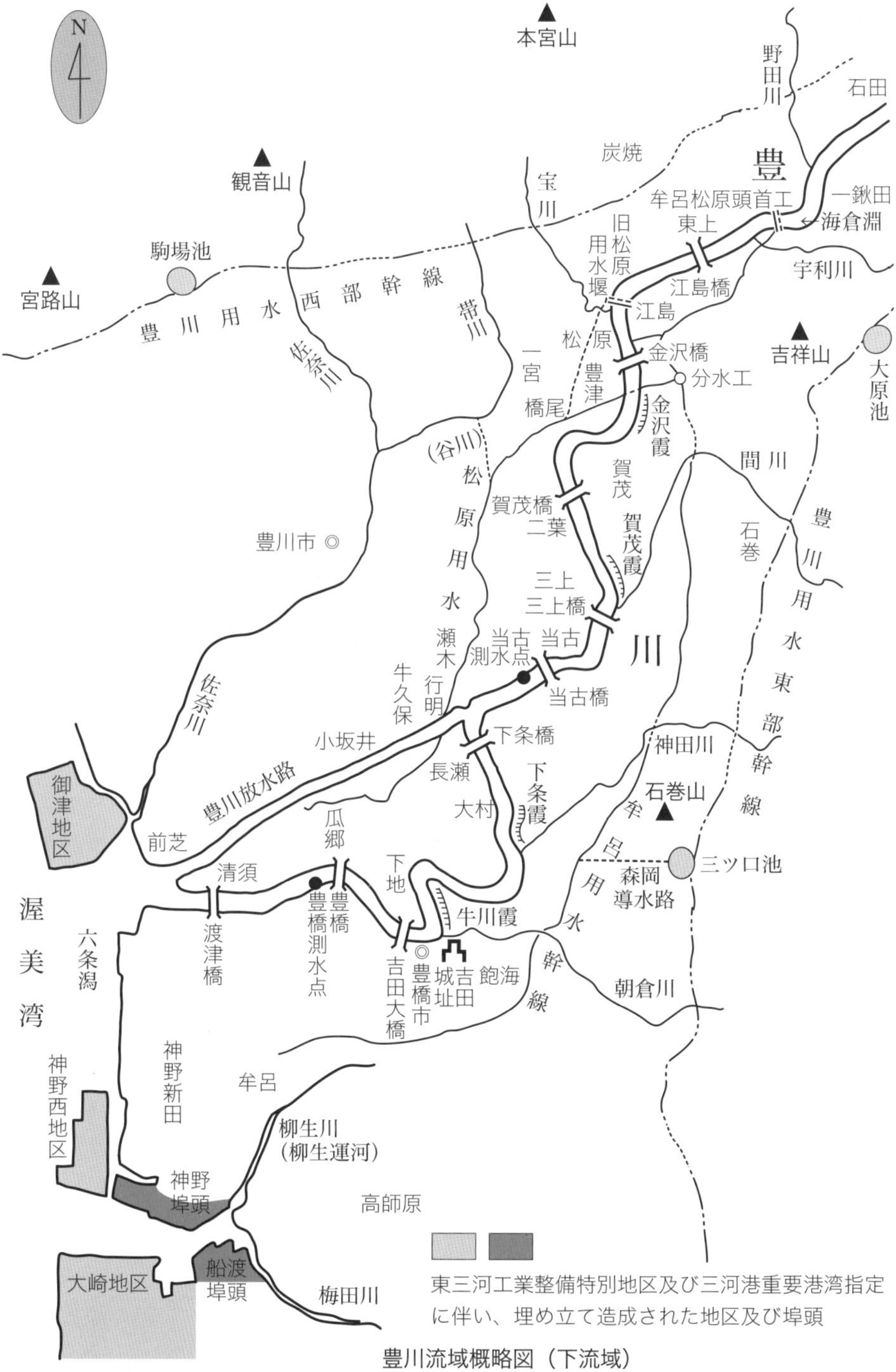
N
本宮山
野田川
石田
炭焼
豊
宝川
観音山
牟呂松原頭首工
一鍬田
旧松原用水堰
東上
←海倉淵
駒場池
宮路山
豊川用水西部幹線
帯川
佐奈川
江島橋
宇利川
江島
松原
一宮
豊津
金沢橋
分水工
吉祥山
大原池
橋尾
金沢霞
(谷川)
松原用水
間川
賀茂
賀茂橋
二葉
豊川市
賀茂霞
石巻
豊川用水東部幹線
三上
三上橋
当古
当古測水点
川
瀬木
行明
牛久保
当古橋
佐奈川
小坂井
下条橋
神田川
長瀬
下条霞
豊川放水路
石巻山
御津地区
大村
牟呂用水幹線
前芝
瓜郷
三ツ口池
森岡導水路
清須
下地
渥美湾
六条潟
豊橋
豊橋測水点
渡津橋
牛川霞
吉田大橋
豊橋市
吉田城址
飽海
朝倉川
神野新田
牟呂
神野西地区
柳生川
(柳生運河)
神野埠頭
高師原
大崎地区
船渡埠頭
梅田川
東三河工業整備特別地区及び三河港重要港湾指定に伴い、埋め立て造成された地区及び埠頭

豊川流域概略図（下流域）

鮎釣り人が林立する「長走り」のチャラ瀬

かねてお願いしてあった知人は手慣れた様子で、合流点近くの宇連川の淵尻あたりで数回、パドル（カヌーの櫂）の動きを試すとすぐ、合流点に向けてひと漕ぎする。そこはもう広く深い淵、「牛淵《うしぶち》」である（口絵⑥）。昭和の初めまで、多くは寒狭川から川狩り（平水時原木を一本ずつ川に流して運ぶ運材法）されてきた木材を筏《いかだ》に組む「筏場」であったし、川中左岸寄りに屹立する大岩には水位を確認する黒い線が鮮明に刻まれたまま今に残っている。

筆者はカヌーの舳先《へさき》に腰をすえる。自分の視線の低さに面食らう。喫水が高いためか、カヌーが水上を滑るように進む。と、すぐの眼下に深く水底が滑るように動いていく。自分自身と水中を隔てる距離がまったくない感じが、かえって頼りなく、恐怖心すら湧いてくる。できるだけ前方を睨んでいることにする。カヌーの前後で二言、三言ことばを交わす。知人は艫《とも》でむき出した両膝をついたままの格好でパドルを揮っている。

牛淵橋をすぎるとほどなく前方が波立ってくる。長い瀬「長走り」である。噂に聞くなかなかの難所とみえて、舟底が瀬石に当たる。ガッ、ガッ。音を立てるたびに波しぶきが飛ぶ。強い流れに押され、川床に突き出した岩や石を避けるようにして舳先が右に揺れ左に揺れる。半尋《ひろ》（尋は両腕を広げた長さ）とはない幅の両の舷側が川床からの振動を伝えて激しく震える。緊張し、両手を突っ張って舷側を掴み、座ったままの姿勢で足を踏ん張る。後ろでは知人が膝を折った姿勢で、荒瀬を巧みに巻きながらパドルを操る。ここは夏場、鮎釣り客たちの竿が林立する絶好の長いチャラ瀬

（瀬波がやや荒くアユ釣りには格好の瀬）であり、豊川の豊かさのシンボルでもあるが、舟で下るにはけっこう、きつい。

「長走り」を下りきるとすぐ、断続的に淵が続く。左手スレスレに奇怪な姿形の大岩がつぎつぎ川中へと突きでてくる。「畔《あぜ》石」「焙烙《ほうろく》岩」「弘法」「座禅坊」と。これら岩像はどれもこれも、水流を背に雲水たちが結跏瞑想している姿を彷彿させる。地質学的な歳月をかけて激流が彫刻したものに違いない、青味がかった岩場が累々と続く。この渓谷が中央構造線という日本一大きな断層帯に沿って激しく流れ下ってきたことを、何よりも雄弁に物語っている。谷が右に大きくカーブする、そのあたり左岸から市川《いちかわ》が合流する。小さな川ではあるが、これをうねるように遡れば山腹に〝隠れ里〟のような市川集落がひっそりとたたずんでいるはずだ。

正面左奥の山峡から市川が合流する

「山雀《やまがら》の瀬」に入り、「カマンボ」と呼ばれる狭く険しい瀬をすぎ、「萱刈《かやかり》」から「車屋下《くるまやした》」の淵に入る。水底まで三ｍはあろうか。過日の台風で川底が洗われたせいか、それとも水そのものが清澄なためか、水底はなべて白く、透けて見える。淵尻では唐突に大きな岩盤が深みからせりあがってくる。そこからまた瀬になっている。まるで鮎になった気分で瀬に入り、そして瀬を下る。波立ち流れの急な荒瀬を、木の葉さながらカヌーは下る。最後の荒瀬が「高野瀬」である。さすが巧みな知人のパドルさばきにもかかわらず、ザバッと水しぶきを浴びる。ぐらっと舟が揺らぐ。よろける体を両の脚で踏ん張るが、水しぶきがかかる。手に持ったタオルで防ぐ。水しぶきは足元を直撃、長靴の中はしたたかに濡れてしまう。

鏡のような水面の瀞場が続く

「高野瀬」をすぎると、長い瀞場《とろ》（淵ほどでなく静かな緩い流れが続く深み）が「ロクダン」「ナガトロ」「ジャンマイ」と続く。牛淵で五たき（筏を縦に五つ連結したもの）に組まれた筏は二人の筏師によって「乗り送り」され、ここで十たきに組み直され豊橋まで川下げされた——昭和初期、流筏《りゅうばつ》の仕事に携わっていた古老たちが、筆者にくり返し語ったことを思い出す。長い瀞場の途中、豊川用水西部幹線の水路橋を緩やかにくぐる。川の真ん中に牛頭状の巨岩が立ち、流れをゆっくり左右に分ける。鏡のような水面が静かに続いてゆく。とりわけ左岸はずうっと崖錐つづきで、崖を伝って人の降りてくる気配などありえない。鳥たちの囀《さえず》りが驚くほど近くに聞こえる。眠りを誘うようなひとときだ。大きく深呼吸をする。空気が何ともうまい。両岸の川畔には落葉樹も立つが、紅葉にはまだ早い。この秋は暖かで川面をわたる空気も穏やかで心地好い。風がないせいだろうか。午前中のためか、両岸の樹木を右から左へ、また川面を遠く近く、あるいは空高く鳥々が飛び交う。カワセミはいつもの素早い動作で水面すれすれに飛び去る。大型のヤマセミの番《つがい》がカヌーの前方を右に左に、それも樹林の一番高い枝を選んでは止まり、カヌーが進むとまた前方へと飛んでゆく、水先案内人のように。シャッターを切ることも忘れてしまう。水底を覗く。深い。だが、もはや恐怖心はない。ふたたび空を見上げる。晴れわたった空との境《あわい》が消えて、川がそのまま天空に溶け込んでゆく。前方に開ける空間が左右の樹々や崖岸に画され、それらが水面に濃《こま》やかな影を映して、どこまでも穏やかである。

ふと気づく。左右の崖岸に木の枝やゴミが引っ掛かり、白い帯状の痕跡がずうっと続いていることに。その高さは五m以上にも及ぶであろうか。過日の洪水の痕跡にちがいない。「いったん洪水ともなれば凄いんだ」。思わずつぶやいてしまう。

　こうして長い瀞場が続く間にも、右岸から有海原川《あるみはらがわ》、ついで五反田川《ごたんだがわ》が注ぎこむ。前者は有海丘陵に開かれた新城市の工業団地を通り、後者は浅谷《あさや》から八束穂《やつかほ》の田面《とおも》を縫って静かに流れてくる。いずれも細流である。と、すぐに右岸の下川路と左岸の塩沢を結ぶ早滝橋が真正面に見えてくる。かつての「日吉渡船」に代えてやや上流に架橋されたものだ。暫時、流れは静かな瀬となる。それでも木の葉のようにカヌーを揺さぶる。渡船場跡には鮎漁用の船が数艘もやっている。今は漁期も終わり、ライトブルーの船体がどこか寂しげでもある。このあたりから流れがぐっと広がり、やがて長い長い平瀬となる。右岸から大宮川が入り込む。戦国時代、武田の大軍に包囲された長篠城主・奥平貞昌は徳川家康に援軍を求めた。なぜか、雑兵にすぎなかった鳥居強右衛門《すねえもん》に伝令役が命じられた。天然の要砦であった長篠城を夜蔭に紛れて抜け出し、洪水時の水中深く牛淵から始まる荒ぶる流れを泳ぎ下り、上陸したのがこの辺りらしい。おそらくは大宮川を遡り、牛倉から雁峰山《がんぽうさん》を登りつめ、徳川に「援軍を大至急に」と狼煙《のろし》をあげて報らせると、長篠城に取って返し、そこで敵方に捕えられ、磔刑に処せられて晒された、と伝えられる、強右衛門ゆかりの上陸地点なのである。

　その大宮川をやり過ごすと、川幅いっぱいの瀬がはじまる。かつて筏師たちが最も難渋したという「青石《あおいし》の瀬」である。これより下流にも「枯れ木」「セイジャ」と、さほど広くもない瀬が

桜淵を上流から望む

左に右に蛇行をくり返す。小さな淵がそれらの瀬をつなぐ。左岸の川原には大きく砂利の山が積まれている。最後の瀬をすぎると「ポンの巣淵」だ。ここからは弁天橋の赤いアーチが眼近かに迫る。この橋は八名郡と南設楽郡を結ぶ主要橋のひとつだ。

流れはゆるく左に回り込む。弁天橋をくぐるとすぐ瀬となる。左岸から大入《だいにゅう》川が入り込む。支流はどれも流量が少ないこともあろうが、土砂が堆積していてどこが川口と指呼できはしない。わずかに水が浸みだしているだけだ。「松ケ瀬」というちょっとした難所を越えると、右に大きくカーブした本流は「曳舟《ひきふね》」で左右に分かれ、さらに「碁盤の瀬」を通過すると、長い瀞場に入る。最終地点はもう近い。カヌーは「鰹《かつお》淵」から、江戸前期に新城藩主菅沼侯が河畔一帯の景勝をめでて桜を植えたことに由来する「桜淵」へと静かに下ってゆくのである。

思えば、一時間半足らずのアッという間の川下りである。とはいえ、河川開発の進んだいま、合流点下流の豊川では牛淵から桜淵に至る渓流だけが豊川の自然の姿を残しているのであった。

●―2 豊川の名前の由来

東三河地方は古く穂国《ほのくに》と呼ばれ、大化改新後の国郡設置にさいして三河国と統合され、東部は八名《やな》郡、南部は渥美《あつみ》郡に分かれ、穂国の中心部は穂郡《ほごおり》となって三河の国府がおかれたらしく、それが後に七一三（和銅六）年、好字二文字をあてられて宝《ほ》飫《お》郡《ぐん》と改められたが、いつしか飫を飯と誤伝されてきたといわれている。

統合された「三河国」という名前の由来は、国内に西から矢作川《やはぎがわ》・乙川《おとがわ》・豊川《とよがわ》の三川を抱いていたからというが、最後の豊川こそ穂国を流れ、渥美湾（知多半島と渥美半島とに画された三河湾東部の海域）に注ぎ込む穂国最大の川であった。

では「豊川」の呼び名の起こりは何だろうか。これには諸説あるが、穂国の名前に由来すると考えるのが有力であろう。すなわち、本宮山《ほんぐうさん》、本野ケ原《ほんのがはら》、本坂峠《ほんざかとうげ》などが、穂の茂る山、穂の原、穂の坂の峠に由来しているとされるように、「豊川」も「ホ」「ホウ」と発音すれば穂の川が転化したものであろう[1]。

さて、豊川の名称の歴史を辿ると、豊川最下流域には渡津郷《わたつごう》があり、八三五（承和二）年の太《だい》政官符《じょうかんぷ》に「飽海《あくみ》河は河岸がひろく橋を渡すことができないから渡舟を増す」（口語訳）とあることから、豊川が飽海川（飽海は豊橋の鬼まつりで有名な安久美神戸神明社辺の集落名）と呼ばれたことがわかる。この時代はまだ上下流を通して豊川とは呼ばれておらず、土地土地の名称で呼ばれていたのであろう。東海道の要衝であった渡津は、歌の名所「然菅《しかすが》（志香須賀）」の名で知られてきた。その位置は豊川市小坂井町小坂井・柏木の浜から豊橋市牟呂町・坂津に至るおよそ一里のデルタ地帯であり、奈良時代から平安時代には海進期にあたり、その一部に海水が湾入し、また流路の変遷激しい湿地でもあったため、渡河は船によるほかなかったのであろう。それに対し、海沿いに豊川を渡河する困難さから、より上流を渡る「二見道《ふたみみち》」が平安時代から開発され、のち鎌倉街道となったと思われる。鎌倉街道は東海道を国府《こう》の追分で分岐し、本野ケ原を経て豊川宿（豊川三明寺の南に古宿の地名を残す）から豊川を渡って

二見道（のち鎌倉街道）の経路推定
出典：『豊川市史』(1973) により推定

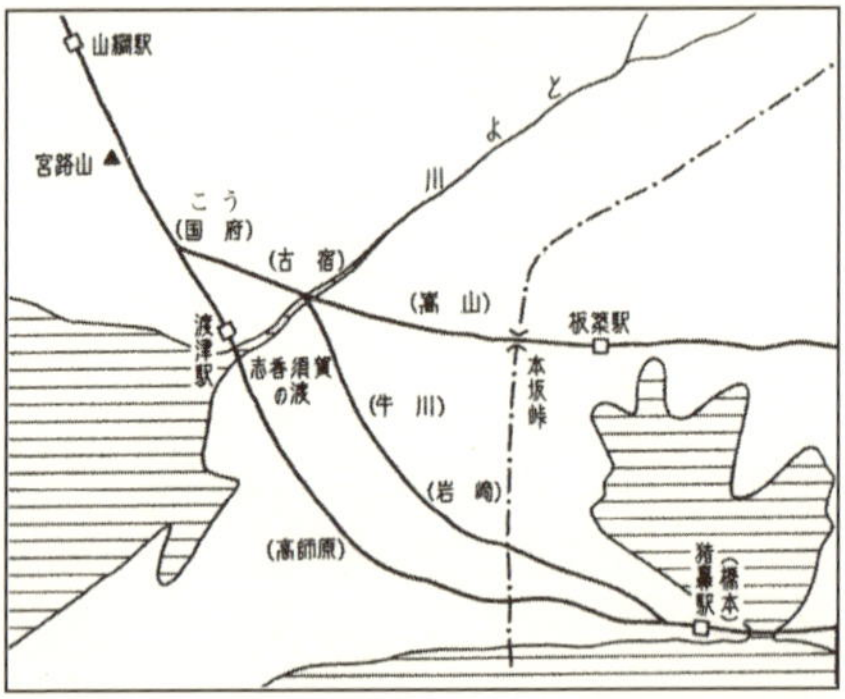

豊橋市岩崎町辺から浜名湖西岸に抜けるか、直進して本坂峠を越える街道であり、平安末から鎌倉初期にかけてよく利用されたらしく、多くの紀行文に記述されている。『海道記』（一二二三（貞応二）年）には「……豊河の宿にとまりぬ深夜に立出て見れば此河は流広く水深くして　寔《まこと》にゆたかなる渡也……」とあり、「豊河」の名がみえる。

時代は下って、江戸時代三百年、豊河は吉田藩七万石の城下を流れ、河口は地の利を得た吉田湊（さらには前芝湊）としてにぎわったため吉田川と呼ばれもした。豊川の水運により川上の牛淵から吉田湊まで木材・米穀・木炭等の舟荷が着き、積み直されて江戸、大坂、伊勢方面へと盛んに運ばれたからである。同じ江戸期でも『東海道名所図絵』など多くの史誌や村差出帳などには「豊川」と記されている。

◉──3　豊川の水源と流路

明治時代に入り、「富国強兵」を旗印に近代化が急がれ、日清戦争直後には、治山・治水のため法整備が進められた。河川法・森林法・砂防法の制定である。それより早く一八九三（明治二六）年に豊川は愛知県が管理費を負担する河川として新城橋から下流が、ついで一九二六（大正一五）年には三輪川《みわがわ》（現在の宇連川《うれがわ》）と寒狭川《かんさがわ》の合流点・牛淵橋《うしぶち》から河口までが河川法（以下、旧河川法という）で豊川と位置づけられたのであった。もっとも江戸期からの史誌を見ると、豊川の源流は三輪川に求められたり、寒狭川に求められたりして首尾一貫していたわけではない。たとえば、『三河国二葉之松』（一七四一（元文六）年）や『八名郡誌』（一九二六年）は明確に三輪川を源流としており前書では「設楽《したら》郡ノ神田《かだ》山ノ麓、豊川ノ水上《みなかみ》ハ河合村迄至リケレ」、後書では「三輪川は豊川の上流であって、源を三輪村に発し」と記している。これに対して『南設楽郡誌』（一九二六年）は「豊川ははじめ寒狭川と称し源を段嶺村に発し」と記載し寒狭川を源流としている。しかし、『本茂《ほんも》村誌』（一八九一年）をみると、「豊川水源、当国（三河国のこと）段戸山、神田山等ヨリ発シ」と豊川の源流を寒狭川および三輪川の両方に求めている。なお、『南設楽郡誌』では、寒狭川の水源は段嶺村に発していると記述しているが、これでは（豊邦《とよくに》川に栗嶋《くりじま》川が合流して大輪《おおわ》橋のところで寒狭川に合流する）当貝津《とうがいつ》川が寒狭川の源流だということになりかねず、段戸本谷《だんどほんたに》に発する本谷川が宇連《うれ》で澄《すみ》川と合流し、延々三〇km以上を流れ下る寒狭川本川とはやや異なることになってしまわないであろうか。他方で『本茂村誌』では、豊川の水源を「神田山《かださん》」（または「かだやま」）ともしている。いま「神田山」が三ツ瀬明神《みょうじん》山を指していると考えれば、その麓から三輪川の源流が幾筋も流れ出していることは確かである。

この場合、豊川の水源を探索するについては「河川の争奪」という地形現象を検討する必要があろう。二つの川が隣り合って流れているような場合、傾斜の急な流れの速い川の谷の最上流部は、緩やかに流れる川との稜線を突き破り、流れの緩やかな川の上流は流れの速い川の方へと流れ込んでゆく現象のことである。このようにして上流を奪いとられた川を「首切れ川」などと呼ぶようであるが、地質時代、天竜川は、現在の流路のように静岡県佐久間で急角度に東へ曲流す

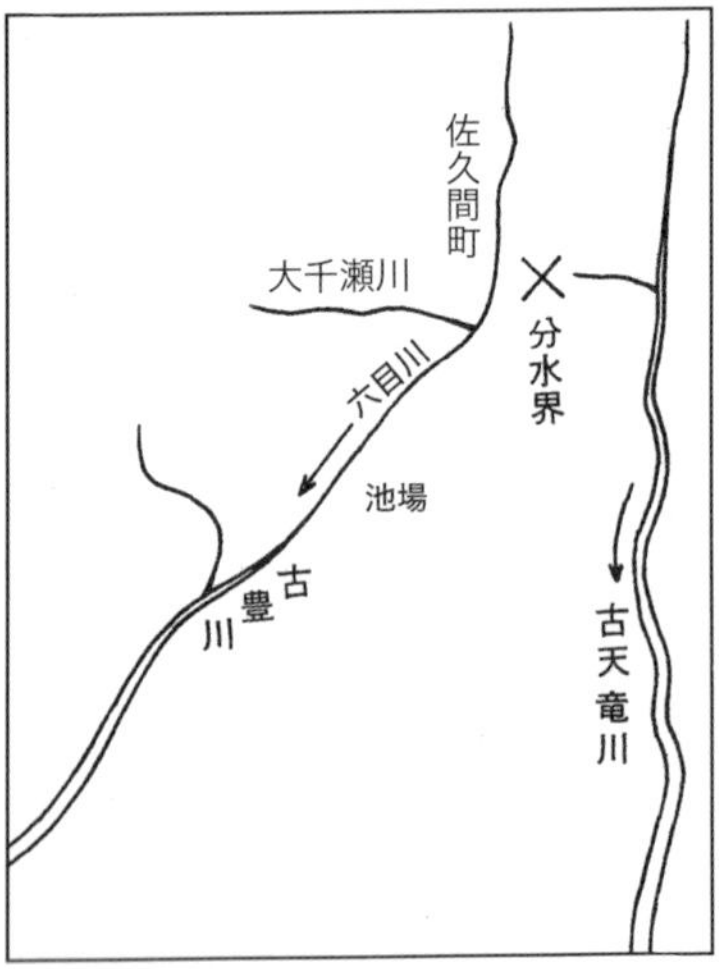

図Ⅰ–1　古豊川と古天竜川の想像図

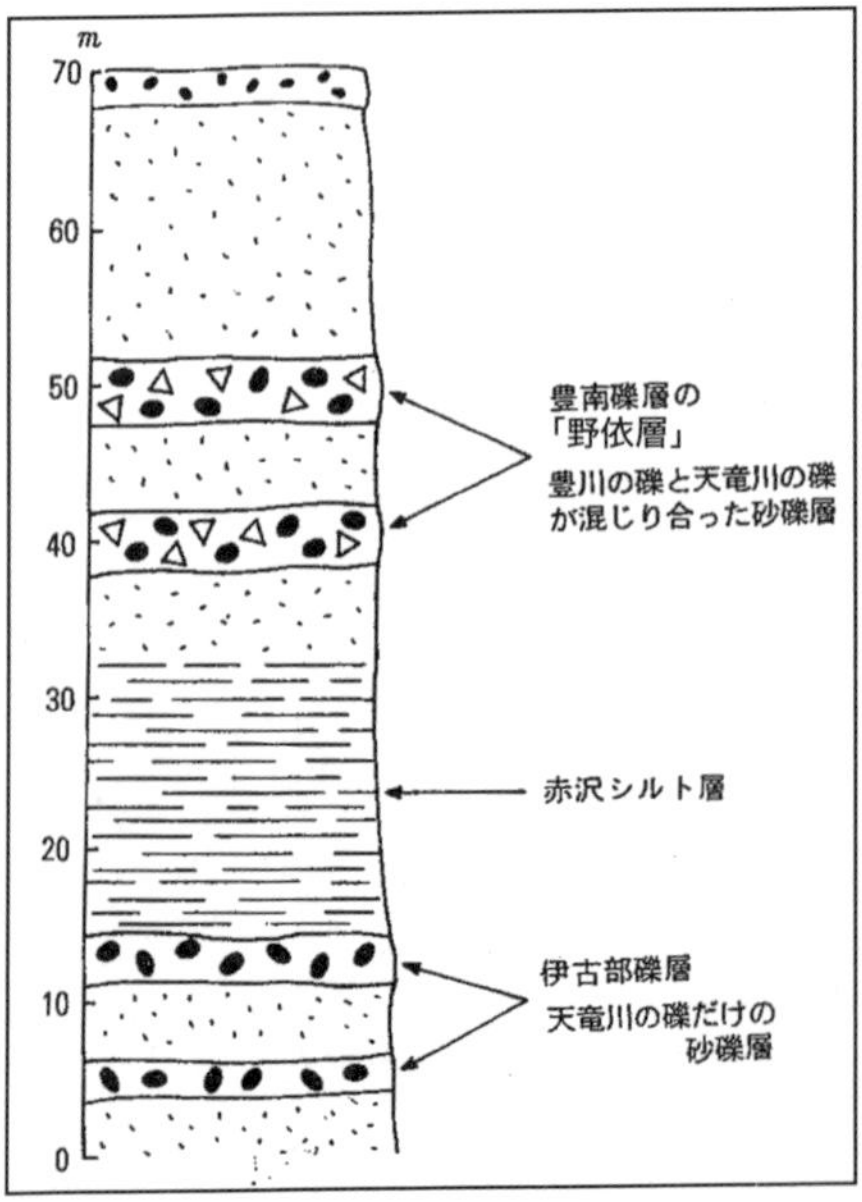

図Ⅰ–2　豊橋市西七根の崖の模式図

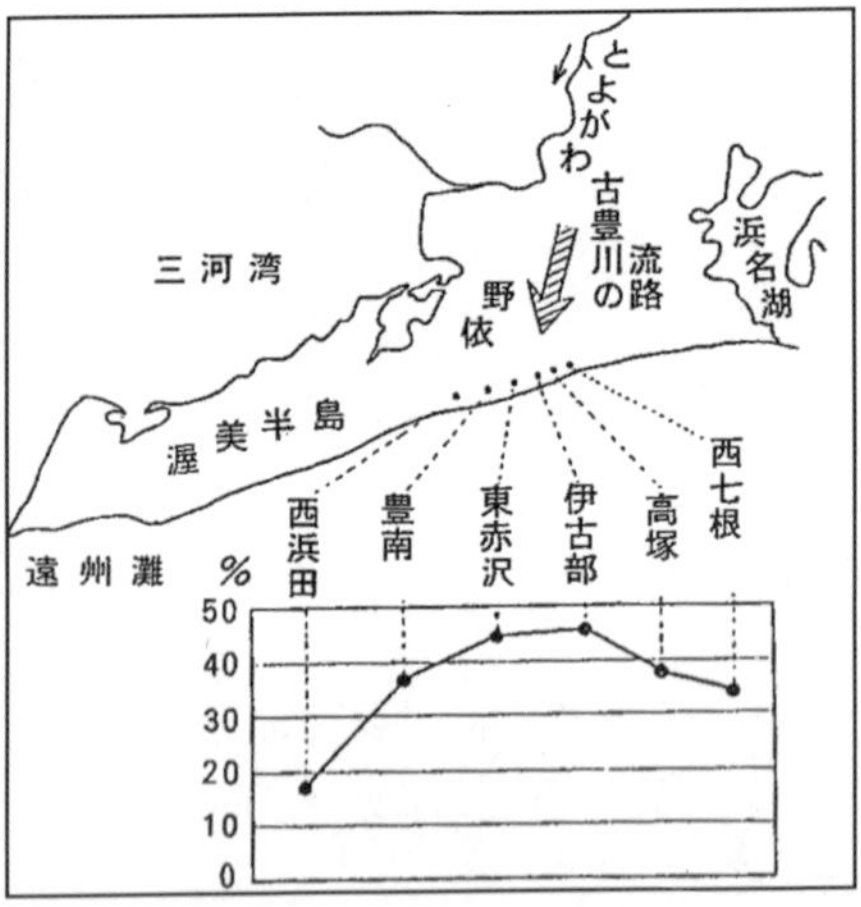

図Ⅰ–3　豊川の礫との混合比率
出典：池田芳雄（1985）『大地は語る』広栄社

ることなく、そのまま南西に向かい（東栄町の相川《あいかわ》の流路に沿って）旧鳳来町池場《いけば》の分水嶺を突き抜け、三輪川おそらくは支流の亀淵川）を流れて豊川に注いでいたという説が有力であったらしい。(2)だからこそ『新城町誌』（一九五六年）も、この天竜川断頭説を紹介していたのである。つまり、古豊川の源流を古天竜川（後の三輪川筋）に求めていたのであった（図Ⅰ－1参照）。

しかし、池田芳雄氏（故人、元愛知県立高校教諭）はこの定説を真っ向から否認し、その証拠のひとつとして豊川の河岸段丘からは、天竜川上流域を供給源とする礫が見つからず、逆に現在の大千瀬《おおちせ》川下流（ほぼ北設楽郡東栄町を流れ下る）の河岸段丘に、天竜川との合流点近くまで、設楽地方から供給された礫（指標礫の安山岩）が多量に見つかったことを確認したのであった。

もう一つ決定的な証拠として氏は、渥美半島表浜（太平洋岸）の海蝕崖に見られる、豊川と天竜川の両河川から供給された礫が混じり合った砂礫層に目をつけた。この砂礫層は地名にちなんで「野依《のより》層」と命名されたが、これら砂礫層を調べてみると、角があり設楽地方から供給された白っぽい凝灰岩や安山岩からなる「河川礫」と、円盤型や小判型をした黒っぽく硬い砂岩や頁岩《けつ》が目につく「海浜礫」とが互層をなしていること（図Ｉ－２）、河川礫は豊川の洪水時の激流に洗われたものであり、海浜礫は寄せては返す海波に年中洗われ水磨されたものであること、しかも天伯原《てんぱくばら》の各所で野依層を調べると、豊橋市の伊古部《いこべ》付近を中心として東西方向へ離れるに従って、豊川の礫は減少し、ついには全くみつからなくなってしまうこと（図Ｉ－３）――から、渥美半島の堆積層が平坦だったころ、これら「野依層」ができたものと考えれば、古豊川は現在のように渥美湾にではなく太平洋岸（表浜）に直接流れ出していた、と推論したのである。当時平坦だった渥美半島の堆積層は東西方向を長軸に蒲鉾状に隆起し（「渥美曲隆運動」という）、その後、長い歳月にわたり半島南側の半分が荒波に浸食され遠州灘に没してしまった。だからこそ、北側の半分だけが残り、現在みられる表浜の崖の頂部は「蒲鉾」の尾根に相当し、南高北低の単斜地形をなしているというのであった。

このように考えると、地質時代といえども豊川と天竜川との「河川の争奪」は存在せず、古豊川と古天竜川とは別々に流れていたことが分かるだろう。

◉――4　一級河川・豊川のプロフィール

いずれにしても、現在、豊川は上流部分のうち宇連川ではなく寒狭川を本川とする一級河川となっている。すなわち、一九六四年、戦後に多発した洪水被害をきっかけに明治期に制定されていた旧河川法が採用してきた河川区域間ごとの河川管理を改め、治水・利水両面にわたって水系一貫の総合的・一元的な河川管理に変更することになって以来、一級河川とは「国土保全あるいは国民経済のうえから特に重要な水系で政令で指定したものに係る河川で建設大臣（現国土交通大臣）が指定したもの」とされている（同法第四条）。全国に一〇九水系ある指定された一級河川のひとつ豊川では、その始点は北設楽郡設楽町内の段戸山塊に水源を発する本谷川と澄川との合流点とされた。だが、ここから三〇㎞を南流して新城市長篠地区で宇連川（旧三輪川）と合流するまでを、従来、寒狭《かんさ》川と呼び慣わしてきた。そういう慣習を無視できずにか、政令に基づき一級河川「豊川（寒狭川）」と告示された。

もちろん、一口に寒狭川といっても、この地で最高峰の段戸山（正確には鷹巣山《たかのすやま》、標高一一五二mから仏庫裡《ぶっくり》へと東南にのびる尾根）が矢作川水系と豊川水系とを分ける分水嶺であり、これら一千m級の段戸山塊南斜面に水源を発する流れが集まり本谷川と澄川として宇連（地区の多くが矢作川水系に属する旧名倉村にあって、尾根を越えた寒狭川筋の集落）で合流する。合流した川は寒狭山《さぶさやま》（と地元では呼んでいる。寒狭川という名称

傘網漁
遡上するアユが滝上に跳ぶのを傘状の網ですくい捉える漁法。立っている二人が傘網漁をしている。

の起源であろうか）の東壁に押される形で南東に流れ下り、大名倉《おおなぐら》を経て右岸から椹尾谷《さわらお》を入れると蛇がとぐろを巻くように曲流し、東方から入り込む境川（古代には三河国加茂郡と穂国設楽郡との、鎌倉時代末には足助荘と富永荘との境界とされた川）と出合うと、つづら折りに南流して設楽町から新城市（旧鳳来町西部地区）を流れ下る。途中、設楽町内では野々瀬《ののせ》川、呼間《よんま》川、当貝津川を合わせ、新城市に入ると作手《つくで》高原から流れ下る巴《ともえ》川、さらに下って海老《えび》川と合して流量を増す。旧鳳来町内の寒狭川には、明治から大正時代にかけて、上流から布里《ふり》、横川、長篠の、三つの水路式発電所が建設された。かつて一帯に大きな岩場が点在して三つの滝を形づくっていた最下流の長篠発電所取水堰は、その二の滝を利用して造られた。その下流には鮎の傘網《かさあみ》漁で全国に名高い「鮎滝」こと三の滝がある。長篠発電所取水堰から下流は中央構造線（次節を参照）の破砕帯に属し、そのため浸食が激しく深い渓谷を形づくる。長篠橋下流の左岸断崖にはシャープな断層面がみられる。そこを過ぎるとゆるいL字を描いて「牛淵」で最大支流・宇連川が合流する。寒狭・宇連の両川が合流すると、中央構造線沿いに深い渓谷が新城市石田まで続く。石田には豊川の主要な流量観測地点があり、豊川の治水と利水の基準点とされており、そこから先は右手奥に本宮山系と左手に弓張山系とが八の字状に開ける。その間を沖積平野が広がり、ここを豊川がゆったりと右に左にたゆたう（口絵⑧）。豊川は新城市、豊川市の一部（旧一宮町、旧豊川市、旧小坂井町）、豊橋市の順に各市域を流れて渥美湾奥に流れ込んでゆくのである。

ところで、豊川は幹線流路延長（流程）が七七㎞で、水源から河口まで一〇〇〇m

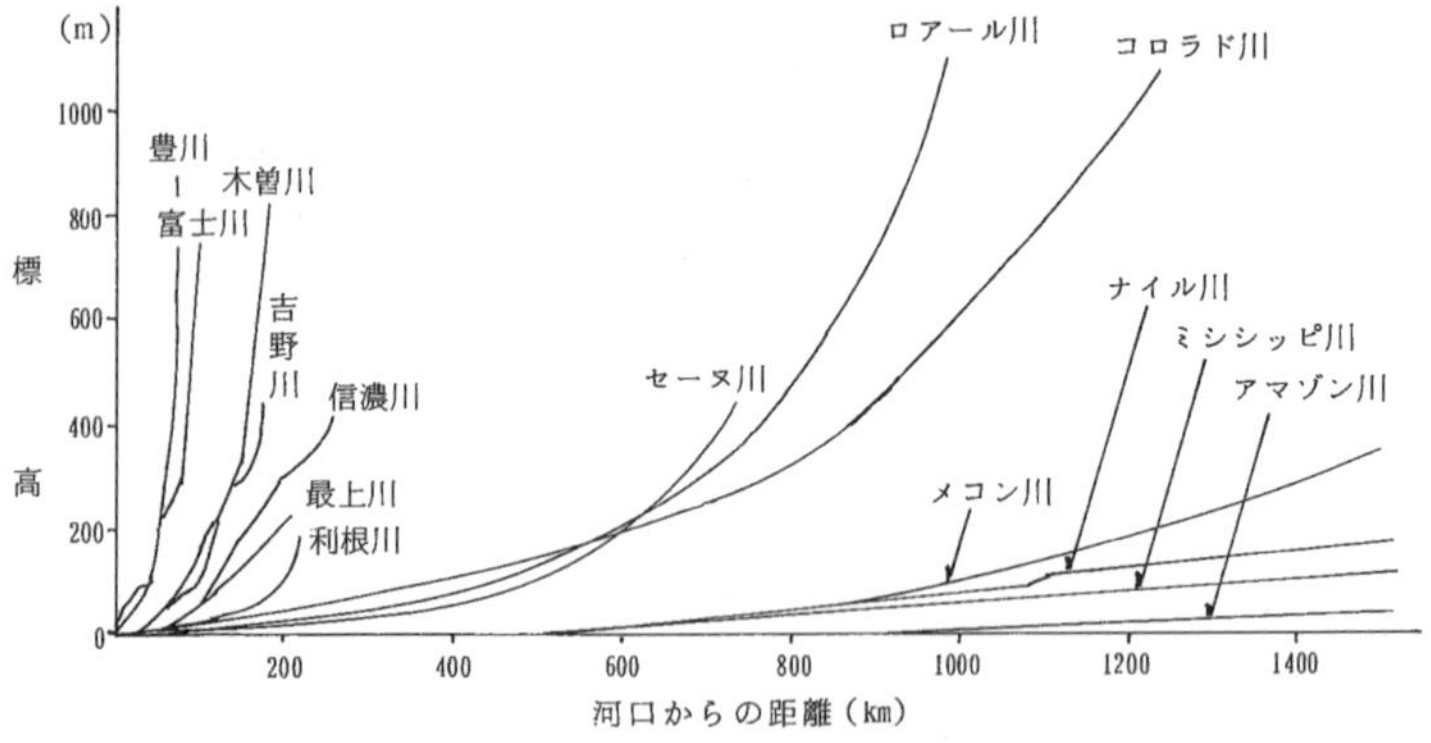

図Ⅰ−4上　河川勾配の比較
出典：『日本の水資源』。ただし、建設省中部地建豊橋工事事務所による補正部分あり

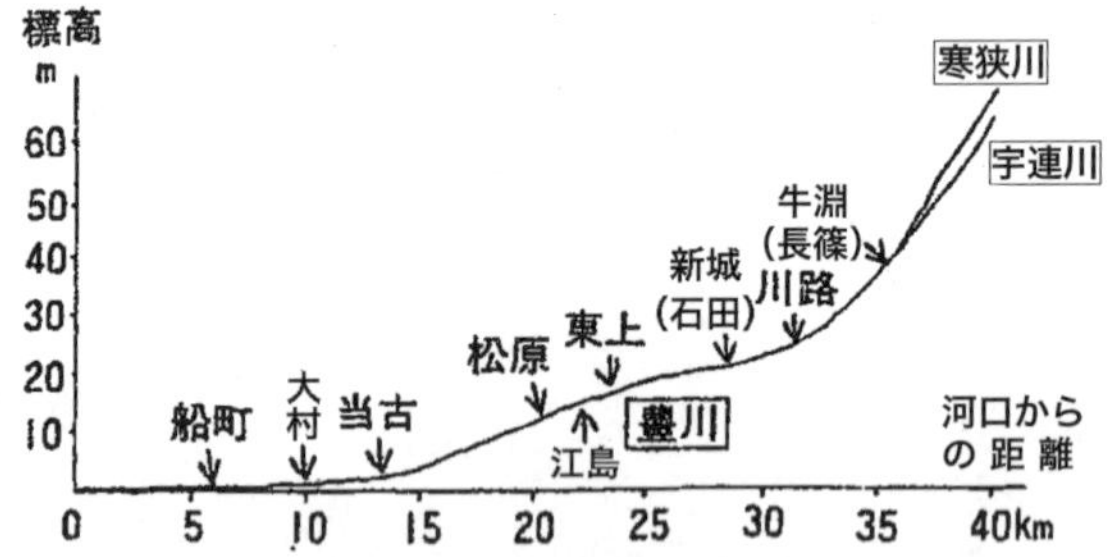

図Ⅰ−4下　川床勾配図（1/25000地形図より作成）
出典：加藤正敏主宰『みなと塾』第28号（2009）より一部改変

ほどの標高差がある。つまり、豊川（だけでなくおよそ日本の川すべて）の流程がきわめて短かく、逆に河川勾配が大陸の河川などと比べて非常に大きいことは図Ⅰ－4上下を比較すればすぐにわかるであろう。

とはいえ石田から豊橋市大村町（河口から二七～一〇㎞）の河床勾配は千分の一にすぎず、そこから河口までの平均河床高はマイナス二mの汽水域（海水と淡水が混じる下流域で感潮域ともいう）となっている。石田から宇連川との合流点までの勾配が三百分の一であり、石田より上流の勾配が一気に大きくなっていることを思えば、平野部の勾配の緩やかさは明らかだ。

ここで、隣接する一級河川と若干の比較をしておこう。豊川は流程七七㎞、流域面積（陸上への降水が河口まで流下する領域。集水面積）七二四㎢で

表Ⅰ-1　豊川・矢作川・庄内川の水質比較

単位:ppm(mg/ℓ)

地点	4年間平均値	BOD(生物化学的酸素要求量)	COD(化学的酸素要求量)	SS(浮遊懸濁物質)	DO(溶存酸素)
江島(豊川)	1978〜'82	0.5	1.7	4.8	10.2
	1996〜2000	0.7	2.4	3.2	11.3
	2000〜'04	0.6	1.9	1.6	10.6
米津(矢作川)	1978〜'82	1.08	3.5	27.0	9.4
	1996〜2000	1.8	3.8	8.6	9.7
	2000〜'04	0.9	3.3	9.2	9.8
枇杷島(庄内川)	1978〜'82	3.7	8.8	19.0	8.1
	1996〜2000	5.8	13.7	14.0	8.0
	2000〜'04	4.2	11.5	10.8	8.4

出典:『河川便覧』各年版

あり、全国の一級河川一〇九のそれぞれの平均は一〇八km、二二〇一k㎡であるから、豊川は各平均の七一%、三三%と、「中の下」の規模にすぎない。同じ西南日本の河川でも、長野県内の諏訪湖に発して愛知県奥三河地方をかすめ静岡県西部に流れ下る天竜川、また長野県の木曽山中に発し愛知と岐阜、三重両県との境界をなす木曽川がいずれも長大な河川であるのときわめて対照的に、豊川は愛知県の奥三河山地に発し、東三河地方を縦断して同一県内で完結するという数少ない川である。同じ愛知県内の矢作川と比べても流域面積では四〇%ほどにすぎず、おまけに矢作川は長野・岐阜・愛知の三県にまたがっている。また主に尾張地方を流れる庄内川は流程・流域面積とも豊川よりやや大きいが、ほぼ同規模といえるかもしれない。だが、これも岐阜・愛知両県にまたがっているとともに、豊川とは異なる特色をもっている。すなわち庄内川上流は土岐川沿いに古くから陶土の採掘が行なわれ、下流は名古屋都市圏を貫流して伊勢湾に注ぐ「都市河川」であり、水質も豊川と比べていかにも悪い(表Ⅰ-1を参照)。

◉——5　多様性に富んだ宇連川流域

ところで、豊川最大の支流・宇連川流域は地質・地形、生態系、景観など、きわめて多様性に富んだところである。ここでは、特にその多様性の骨組みとなる特異な地質・地形に限定して元

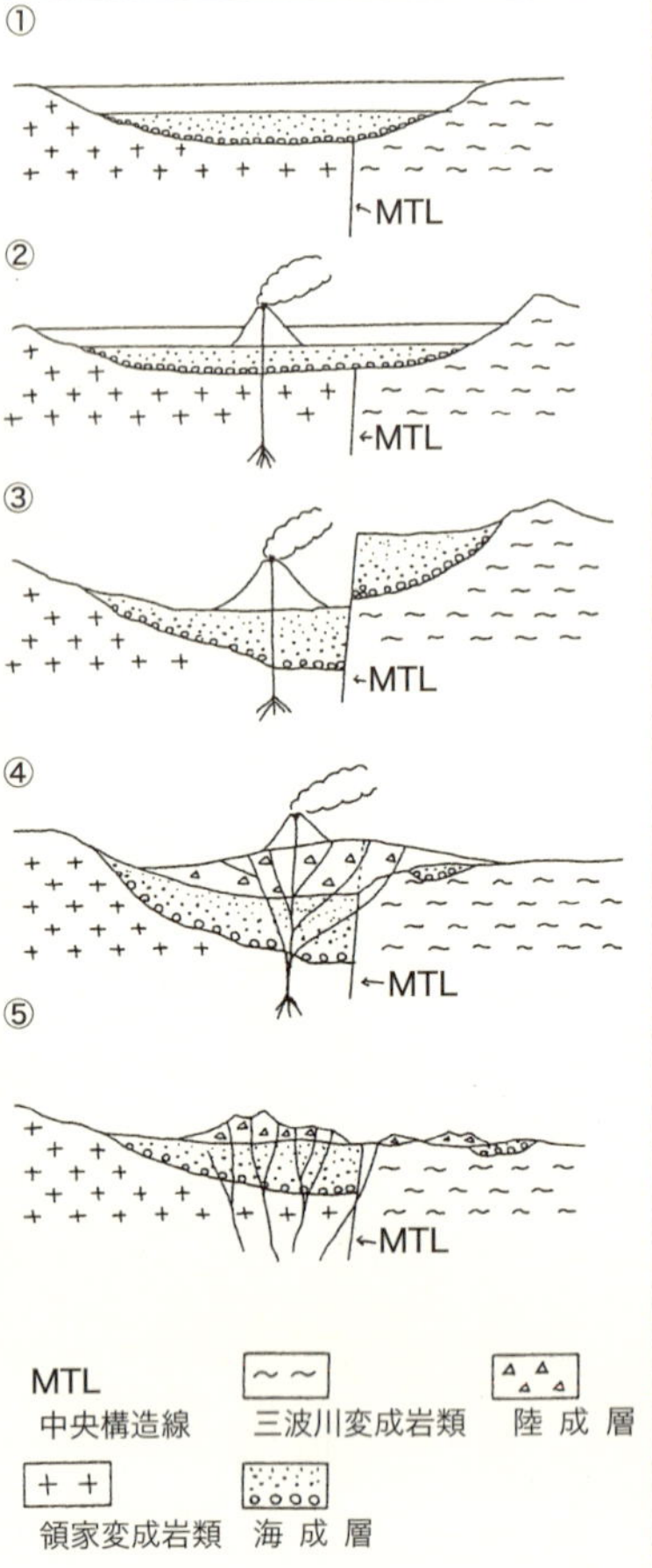

①海が侵入し下部の海成層ができる。
②海底火山の噴出があり火山活動が盛んになる。
③中央構造線の活動で北落ちの正断層が発生。
④陸化した後も火山は活動を続け、中央構造線はこのころ左横ずれ運動をする。
⑤現在

図Ⅰ–5左　設楽盆地の成り立ち
出典：横山良哲（1987）『奥三河1600万年の旅』風媒社

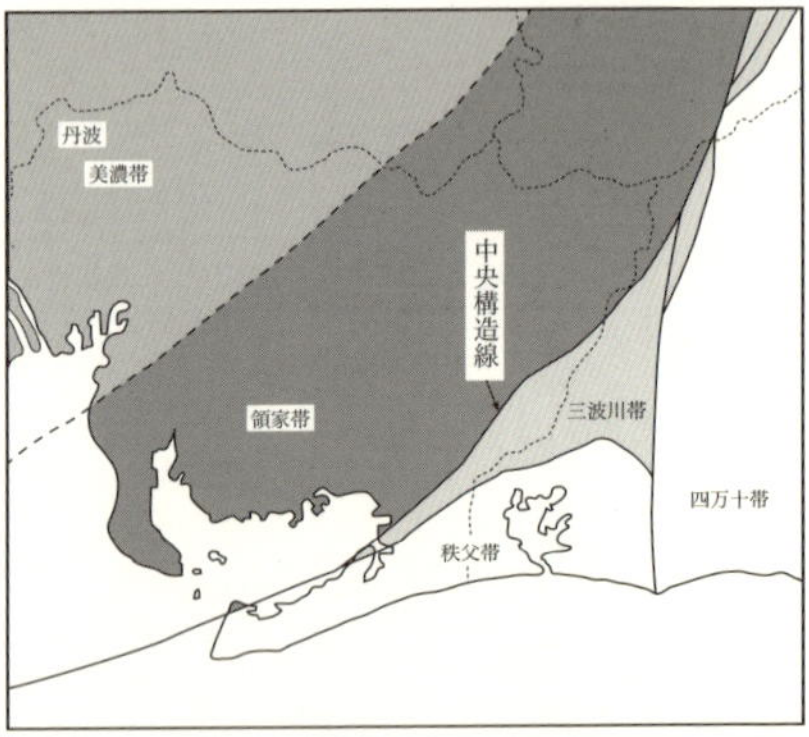

図Ⅰ–5右　愛知県の新第三紀系に先立つ地質区分
出典：横山良哲（2007）『愛知県の中央構造線』風媒社
注：約2350万年前より後の地層を取り除いた推定地質図

鳳来寺山自然科学博物館長・横山良哲氏（故人）から教示を受けたことを中心に紹介してみる。

豊川上流の寒狭川が主として西南日本内帯（すぐ後で説明する）をほぼ南流し、新城市長篠地区で最大支流の宇連川と合流しているのだが、この宇連川と下流の豊川本川にほぼ沿う形で日本列島最大の断層・中央構造線が走っている。もっとも、この大断層ができて後、断層沿いに流れる豊川が新城市石田地区から下流に沖積平野を形成してきたため、この断層帯は地下深く隠されてしまってはいる（図Ⅰ－5右参照）。この点を含めて宇連川流域の地質・地形には、早くから専門家などの注目が集まってきていた。そのいくつかをみておこう。

そもそも千七百万年の昔、現在の奥三河全域と思われる範囲まで深く海が入り込み、大きな内海を形づくっていた。やがて海の堆積物を乗せたまま海底は隆起を始め（造陸運動）、陸化するとともに火山活動が激しくなり、溶岩の噴出や火山灰の堆積がおこなわれた（千五百万年前頃）。これが「設楽火山」と呼ばれるもので、その範囲は、現在の宇連ダム湖（鳳来湖）あたりを中心として東西二〇㎞、南北三〇㎞におよぶ大規模なものであったようだ。奥三河山間地を形づくる地層のうち、より古い海の堆積物からなる地層を設楽第三紀層、その後火山活動により堆積した地層を設楽火山岩類といい、両者を合わせて設楽層群と総称している。なお、設楽層群は火山活動に伴い固い溶岩である安山岩の岩床が勢いよく立ち上り、設楽第三紀層に貫入して盆地構造を形づくったのである。このため「設楽盆地」とも呼ばれている（図Ⅰ－5左参照）。

ところで、本州の中央部を南北に縦断し、東北日本と西南日本とを分ける大地溝帯(3)（フォッサ・マグナ）があることはよく知られている。この大地溝帯の西縁にあたる諏訪湖の南、杖突峠《つえつき》から赤石山脈西辺の谷を南下し、佐久間ダムあたりから方向を南西に振ると東三河を突っ切って三河湾・伊勢湾口をくぐり、伊勢に上陸して紀伊半島を横断、再び紀淡海峡《きたん》をくぐると、香川・愛媛と四国をやや瀬戸内側に横断、さらに豊後《ぶんご》水道をくぐり九州に上陸して阿蘇火山帯を経て熊本県八代方面に至る長大な大断層帯が走っている。中央構造線である（図Ⅰ－6上）。全長一千㎞に及ぶこの長大な断層帯は、日本列島が大陸から移動を始めた千八百万年前までは東北日本ま

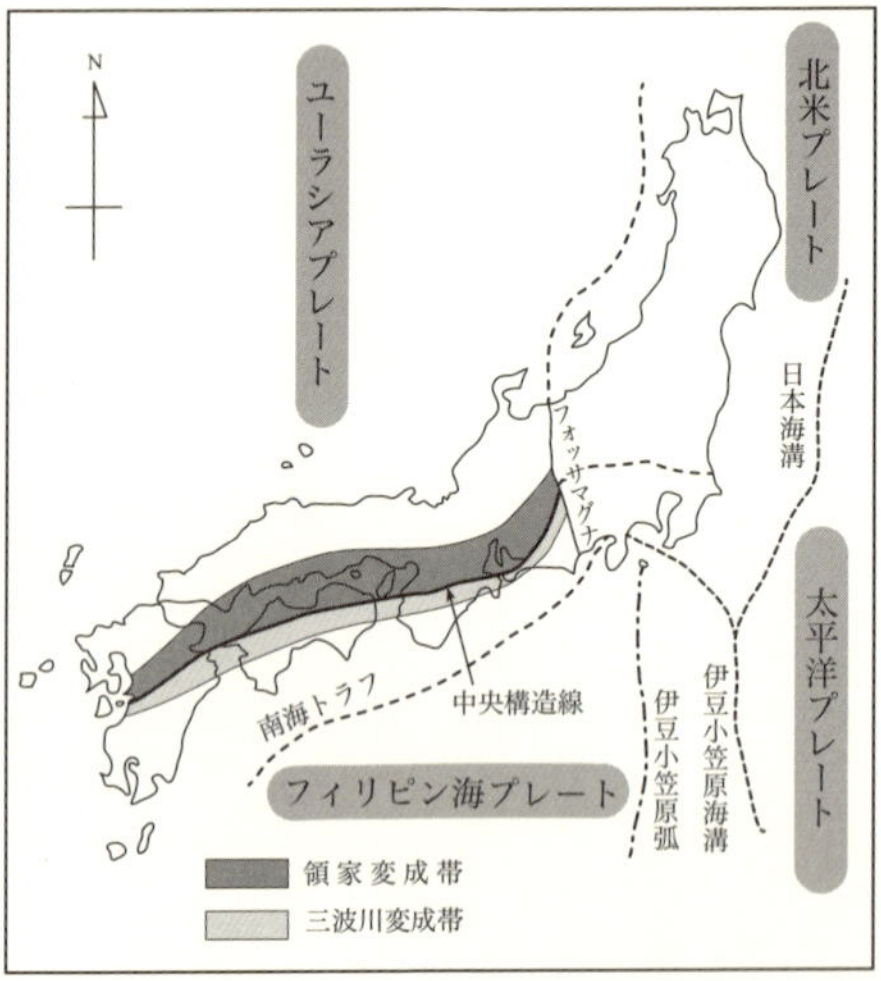

図Ⅰ－6上　中央構造線の位置
出典：横山良哲（1987）『奥三河1600万年の旅』をもとに筆者が改変

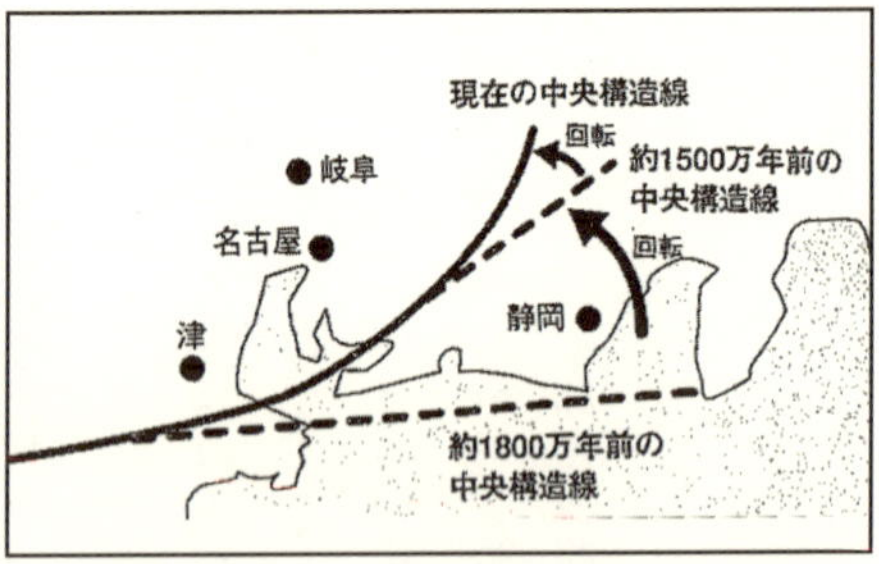

図Ⅰ－6下　中央構造線の屈曲復元図
出典：横山良哲（1996）『美しき大渓谷一億年の旅』風媒社
注：この学説は星博幸氏（愛知教育大学准教授）が発表されたものである。

でほぼ直線で伸びていたというが、フォッサ・マグナの出現により、西南日本を横断する現在の中央構造線とは断ち切られてしまったともされている。その際、太平洋プレートがフィリピン海プレートの下に、さらにフィリピン海プレートが大陸側のユーラシアプレートの下にもぐり込む動きによって太平洋上の伊豆・小笠原弧が本州弧にぶつかり、二段階の屈曲を経て、三重県の志摩半島から長野県の諏訪湖付近にかけて北に約六〇度屈曲したと考えられている[4]（図Ⅰ－6上下）。

ここでは視野を奥三河に限ると、北東から南西に向けて中央構造線という大きな地殻変動の高圧が加わった結果、構造線の北側（西南日本内帯）は高温で溶けたり、変成してできた花崗岩や変麻岩などからなる領家《りょうけ》帯、構造線の南側（西南日本外帯）は高圧により変成してできた緑色片岩や黒色片岩などからなる三波川《さんばがわ》帯という、まったく異なる二つの変成岩帯がぴったり接している。ほぼ同じころ中央構造線のこの地域における活動の衰えとともに火山活動も終焉し、長い長い浸食の時代が今日に

鳳来寺山から起伏に富んだ安山岩の尾根筋が続く
舟着山（新城市）から北を望む。寒狭川・宇連川の合流点牛淵の正面奥に鳳来寺山・宇連山・棚山……と峰々が続く。（写真提供：横山良哲）

まで続いているのである（図Ⅰ−5左右参照）。

　このように絡み合い入り組んだ地質活動の影響を受けて、現在、とりわけ奥三河にあっては、一方で、深い谷の入り組んだ山々が鋭い頂きを競いあっている。鳳来寺《ほうらいじ》山、宇連山《うれさん》、棚山《たなやま》、鞍掛山《くらかけやま》、岩古谷山《いわごやさん》といずれも標高七〇〇mから一〇〇〇mほどの起伏に富んだ山頂を結ぶ安山岩からなる尾根筋が続き、東海自然歩道のコースとなっている。

　他方で、谷底が古い海の堆積層からなっているところでは、川の流れが岩盤を削りとり川床を低下させる下刻《かこく》作用によって深く沈み込む。宇連川の三河大野から下流ではこのような深い渓谷がみられる。同じ谷底でも火山岩類からできている場合、下刻作用は弱い。湯谷《ゆや》から槙原《まきはら》にかけて宇連川は「鳳来峡」として多くの人に親しまれてきた。谷は深くはないものの、火山灰が溶結した流紋岩あるいは凝灰《ぎょうかい》角礫《かくれき》岩が川幅いっぱいに白っぽい褐色の板を敷きつめたように見え、この板敷きの上を澄んだせせらぎ

図Ｉ−7　奥三河（おもに設楽盆地）の安山岩岩脈分布図

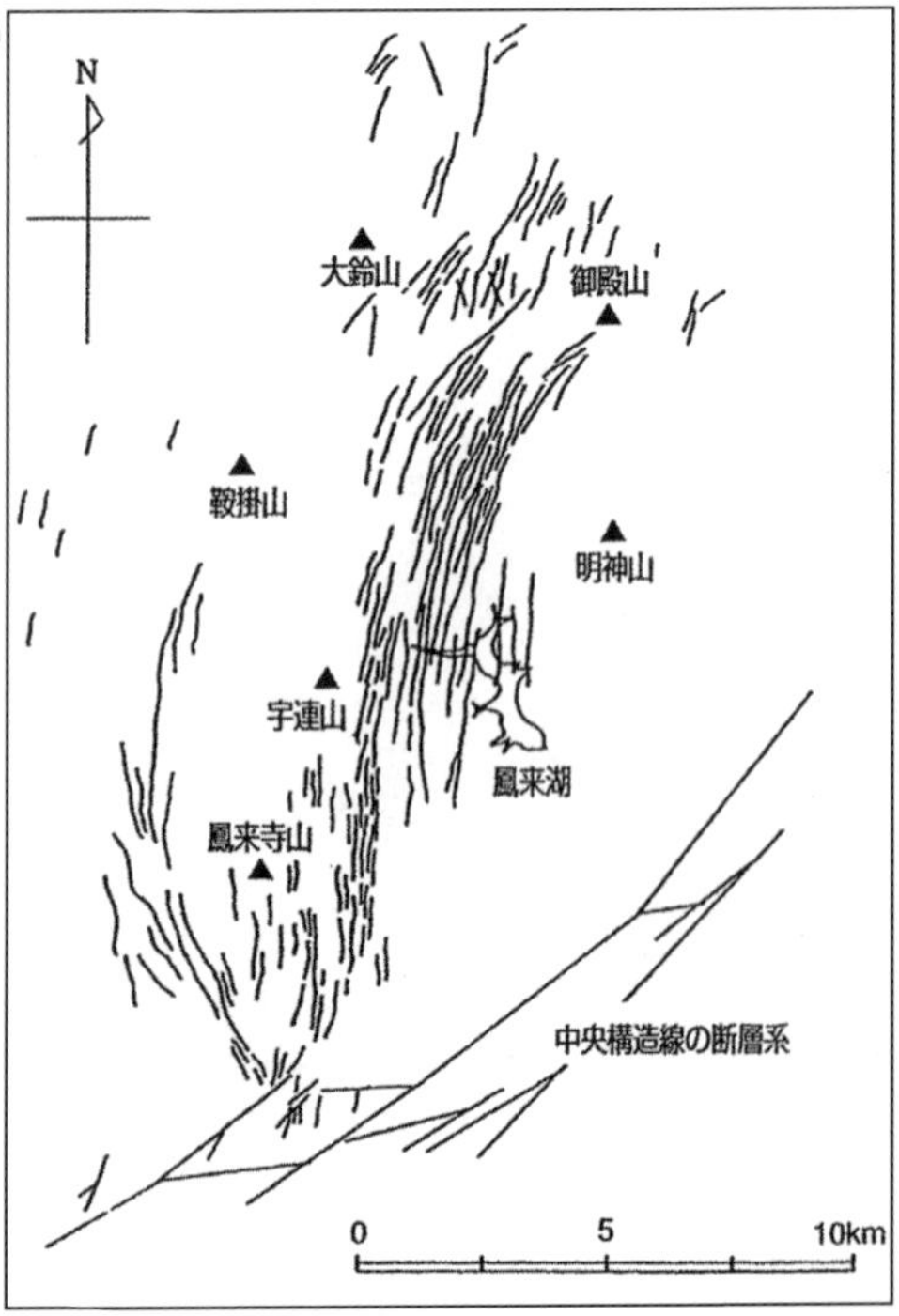

出典：浦川洋一・横山良哲（1982）「設楽盆地の岩脈の解析と中新世後期における応力場の研究」文部省奨励研究Ｂ報告書

が流れる様子から一帯は〝板敷川〟と呼ばれてきた。また、この板敷川では川床が不均質であったり、同じ岩でも硬さに違いがあると、また均一でも断層があったりすると、ポットホールや滝ができたりしている（口絵②③）。

安山岩脈の一部は寒狭川の川床にも数か所でみられるが、何といっても宇連川沿いである。湯谷温泉街下の宇連川には、溶結凝灰岩の大きな滝口と、川底岩盤の割れ目に貫入した溶岩がほぼ垂直に薄い板状に固結し、安山岩の折れ口が地表に突き出している。その姿形から馬背岩《うまのせ》と呼ばれ、いち早く国の天然記念物に指定された（口絵④）。このような安山岩脈は鳳来湖周辺でもみられる。蝉ケ滝や湖のまわりを囲む山頂に向けて這い上がる形の障子岩岩脈などである。じつは設楽盆地には南〜北と北東〜南西との二方向の岩脈群が無数に分布している（図Ｉ−7を参照）。

さらに、宇連川左岸の支流である大島川沿いは、川沿いの道を遡ると、川向かい（左岸側）の山々はなだらかな山容をなしていた。現在は豊川総合用水事業（第II部で説明）により大島ダム湖（朝霧湖）に没してしまったが、雲仙橋から朝霧橋にかけて右岸側の道沿いに険しい絶壁をなす流紋岩質凝灰岩からなる柱状節理と、ケヤキ、イロハモミジの大きな落葉樹の群落が、そそり立つ岩山の露出した尾根筋にみられるアカマツ林の眺めとともに、希有なる景観をかつては誇っていた（口絵①）。

ここで一層重要なことは、中央構造線が設楽層群の南縁を貫き、それに沿って宇連川が谷を刻む流域一帯だけでなく、先に記したように、寒狭川最下流の長篠橋近くにあざやかな構造線の露頭がみられ下流一帯もまた深い谷を刻みながら宇連・寒狭両川が合流し、合流点の牛淵《うしぶち》から豊川は七km下流の桜淵辺まで三波川帯に食い込みながら谷を刻み続けていることである。両岸はほとんど高い崖錘が連続し、そのために人為が加わりにくくなっている（口絵⑦）。

第2章　豊川の豊かさ、流域住民と豊川との関わり

戦前、日本民俗学を創設した柳田國男は『豆の葉と太陽』所収の「川」（一九三六年八月）の中で、日本がアジア・モンスーン気候帯に属するという要因も重なって、日本列島を縦断する険しい脊稜山脈を分水嶺として「大小長短」の川々が周りの海洋（内湾と外洋）に向かって網目のように流れ下り、さらには川の流域ごとに「栄枯盛衰」「刻々に流転」をくり返してきたと説いていた。この場合重要なのは、このように濃《こま》やかな川活動が、日本の地勢だけでなく、生態系に豊かさをもたらし、それが流域住民の暮らしに豊かさ（災い）をもたらす。これらを通じて流域社会の歴史を「制約し又指導し」てきた、としていることである。

思えば日本の川は、これを一本の境としてとらえれば、生活文化の境界線をなし意識の分断を迫るものでもあり、それゆえ境界線は制度化されやすい。また川が上下往来の縦の線として働けば交通・運輸の主要ルートともなってきたし、稲作に不可欠な水田灌漑の主水源ともなってきた。
昔から、豊川もそうであった。すなわち水田灌漑は、地下水・溜め池・小川など小規模な水源に頼っていた時代から豊川本川からの取水に依存するようになったし、他方で、戦前までは、舟による物資の輸送、木材の流送、人びとが往来する交通路、さらには神々の通路としても重要な位置づけをされ、これら豊川の恵みによって流域住民の生活の豊かさ、厳密に見れば各種災害を超えて自然の叡智に学び川と共生する生活の豊かさ、を与えてきた。このような意味で豊川がもたらした恵みについて具体的に述べておこう。

本章では、まず生態系の豊かさについて豊川の底生昆虫と魚類を指標にして紹介し、流域住民の生活の豊かさについて、いにしえより続いた川舟と木材流送とによる物資輸送を中心に述べ、つづいて豊川の漁撈（アユ漁）の概略にふれ、最後に生活用水、とりわけ水田稲作に不可欠な灌漑用水を確保するため苦労に苦労を重ねてきた先人たちの想いに迫っておきたい。

◉——1　豊川の豊かな生態系

それでは、豊川のもたらした恵みとはどのようなものだろうか。

一般に日本の川というのは、険しい山岳の多い陸地に降る雨雪などを海洋まで流出させる水路《みずみち》である。水源の森林林野に発して海洋に注ぐまでの決して長くはない距離を、川は水勢によって陸地を浸食し、あるいは上流から運んできた土砂を堆積させながら流れる。長い長い歳月をかけ、もともとの地形・地質に応じてそれぞれ固有の流路を整え、あるいは変えながら、河岸段丘、扇状地、沖積平野、三角州などの地形をつくるとともに、河口付近の海浜には海流や潮汐の作用とともに浅場や干潟をつくりあげてきた。まさに柳田の著したように、「川はわが国の地貌を今日あらしむる上に、何よりも多く参与して居る……天然の最も日本的なものであった」。豊川の場合も同じである。先に宇連川から豊川本川上流にかけて点描しておいたとおりである。

東三河は豊川を基軸にすえた豊かな自然に富む地域である。少なくとも一九六〇年頃までは、そうみえた。その豊かさの多くは豊川のもたらした結果であった。それほど豊川は豊かさを備えていた。では、その「豊川の豊かさ」とはいったい何であったのだろうか。そのすべてを描きつくすことは容易ではない。ここでは、豊川に棲息する多様な生物相に焦点を合わせて簡単に紹介するにとどめよう。

じつは、この「豊川の豊かさ」が見直されたのは東三河大規模開発が一応成し遂げられ、東三河の産業・経済構造が大きく転換し、逆に豊川を基軸とする自然環境の悪化が足下まで迫るようになってからのことである。開発以前には多くの人びとにとって、渥美湾と豊川水系が多様な生物を育み、それらを地域・流域コモンズ（地域生活を持続的に完結させるために不可欠な共通資源・資産）として利用・活用しながら、それぞれに固有な伝統知を培い継承してゆけば、過剰な快楽を求めない限り誰もが心豊かに地域生活を持続できるはずだとの暗黙の規範が残っていたともいえよう。

東三河の開発問題については第Ⅱ部に譲って、ここでは問題を東三河（穂国）のコモンズ豊川、

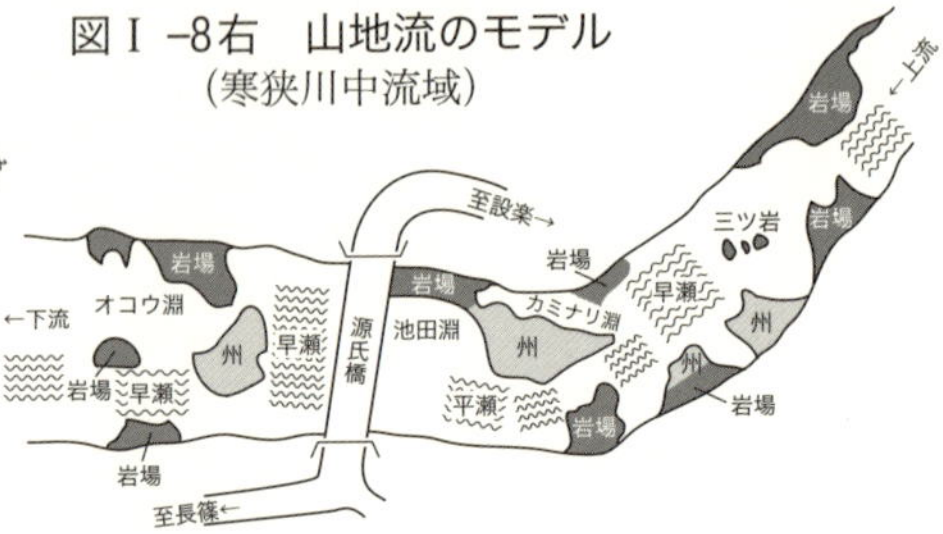

図I－8右　山地流のモデル
（寒狭川中流域）

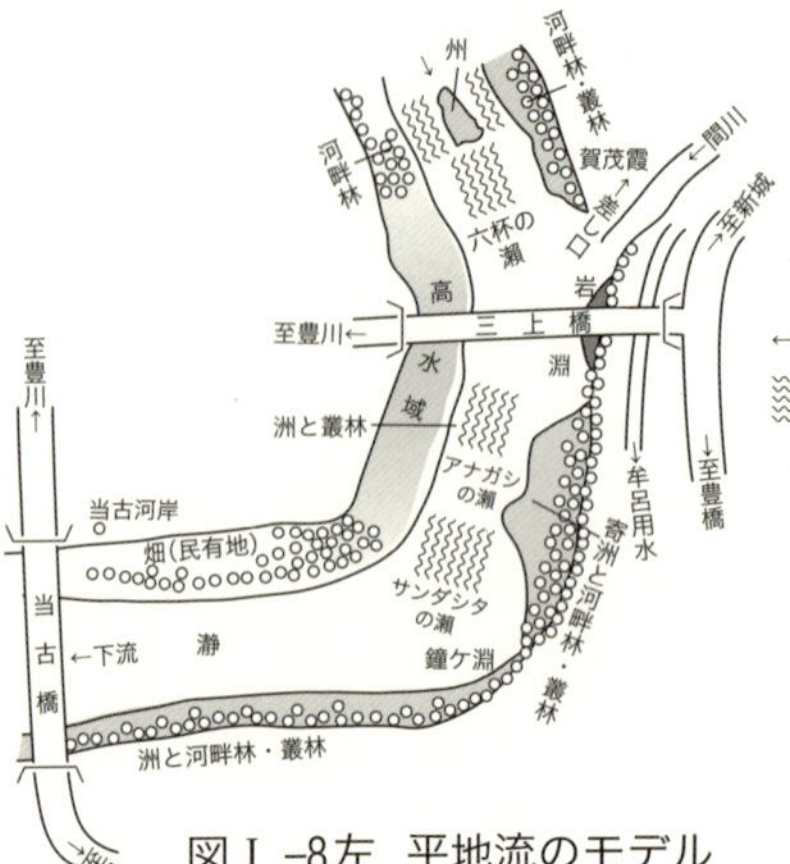

図I－8左　平地流のモデル
（豊川下流域）

その豊かさに的を絞ろう。一般に川の豊かさを物語る指標は、なによりも川中や水辺の生物相の豊かさに求められる。これを規定しているものが河床形態、流量、水質、気温・水温などであることは当然である。これらの要因はそれぞれが独立したものではなく、相互に強く関連しあうものであることはすぐ後で具体的に例示しよう。

これら規定要因のうち、河床形態については若干の説明を加える必要があるだろう。河川の流域は流程に関係なく、おおよそ平地流と山地流とに区分される（図I－8左右）。さらに平地流は河口・汽水域と淡水域に分けられ、山地流は中間渓流と山地渓流に分けられる。一方、ある水域は淵、瀞《とろ》、そして平瀬、早瀬といった河床形態の変化を順次くり返してゆく。そこで、河川流域を平地流と山地流とに分けるとすれば、ひとつの蛇行区間に河床の形態変化が一つしかない平地流に対して、山地流にはこれら形態変化が連続しているといえるだろう。これら河床形態の変化と併せて豊川の流域区分をしておけば、河口から下条橋あたりまでが河口・汽水域、下条橋から三上橋あたりまでが半汽水域、そして三上橋から新城橋あたりまでが淡水域の平地流である。同時に、ここまでを中下流域と呼べば、桜淵から上流は山地流であり上流域と呼べるだろう（四・五頁の豊川流域概略図参照）。

ともかく、豊川は蛇行をくり返しながら、瀬では大気中から充分な酸素をとりこむ。魚類など水生生物の多くが瀬で餌をとり、淵で休息し、夜間には眠る。そして出水時にも淵や岸辺に退避する。また、洪水などにより水流が途中で分岐したり、ワンド（川原にできる水たまり）や入り江（湾入部）をつくってきたのであるが、ワンドや入り江は稚魚や、親魚の安定した産卵・孵化の場所となってきたし、岸辺を覆う叢林は水温調節の役割を果たし、連続して延びる河畔林もまた多くの動植物の生息、移動を可能にしてきたのである。

つぎに、「豊川の豊かさ」を指標化する生物相について棲息する底生動物と淡水魚類との分布状況を、水生昆虫と魚類と藻類とに限定しながらみておこう。

下条橋から下流の河畔林

河川の生物構成は便宜上、これを生態的に三つに大別できる。プランクトン（浮遊生物）、ベントス（底生動物）、ネクトン（遊泳動物）他、である。これらのうち動物に限って生物学的に区分すれば、原生動物から昆虫類までが無脊椎動物、魚類から水辺の鳥までが脊椎動物ということになる。プランクトン↓ベントス↓ネクトン他、と進むにつれて下等動物から高等動物に変わり、同時に食物連鎖が生まれる。一般的には、動植物プランクトンを水生昆虫が食べ、それを魚類が、さらに水辺の鳥が食べるという具合である。

そこで、豊川の生物構成について河口（渡津《わたつ》橋）から源流（段戸《だんど》本谷《ほんたに》川）までを一定間隔で一三か所を不定期に調査した結果を示そう（表Ⅰ－2）。これはすでに開発が進んでしまった時期ではあるが、一九九六年二月現在で柴田康之氏が調査し確認したものである。確認された全種数は三六〇余種にのぼり、なおプランクトン数の調査が不完全であるため、実際には四百種を超えるだろう、

表Ⅰ-2　豊川本流の生物構成（96年2月現在）

	類　別	主要な科名・種別	種数
プランクトン（浮遊生物）	藍藻類	ユレモ	1
	珪藻類	メロシラ・フナガタケイソウ	25
	緑藻類	アオミドロ・ミカズキモ	10
	原生動物	ツリガネムシ・アメーバ	11
	ワムシ類	フタオワムシ	4
	ミジンコ類	ケンミジンコ	1
ベントス（底生生物）	淡水海綿類	カワカイメン	
	渦虫類	ナミウズムシ	2
	線形虫類	ザラハリガネムシ	1
	ミズダニ虫類	オヨギダニ	2
	軟体類	マシジミ・アワニナ	12
	環形類	イトミミズ・シマイシビル	10
	大型甲殻類	テナガエビ・サワガニ	19
	昆虫類	ヒラタカゲロウ・アワゲラ	179
ネクトン他（遊泳生物）	魚類	アユ・オイカワ	39
	両生類	ウシガエル・イモリ	8
	は虫類	イシガメ	1
	水辺の鳥	ダイサギ・カワウ	31
	水生植物	オオカナダモ・ヨシ	12
		合計	366

という。そのうち底生動物に限れば、二二五種となる。調査の箇所数や回数など条件は異なるが、参考までに近隣河川の底生動物種数だけをみると、矢作川で二四三種、木曽川では二七八種とされていたから（一九九五年版『河川水辺の国勢調査』）、より規模の小さな豊川の底生昆虫もほぼ両川に匹敵する種数をもっていたと考えられよう。

さて、ベントスに分類される昆虫類だが、これはプランクトンの原生動物から始まる無脊椎動物が最も進化した仲間である。日本では約三万種の昆虫類が確認されているが、その一部が幼虫期あるいは一生を水中で過ごす。これらを水生昆虫と呼ぶ。水生昆虫は底生動物だけでなく、淡水生物全体の中でも最大のグループといえる。それは、前記の『国勢調査』で、昆虫類の種数が底生動物全体に占める比率が、矢作川で七二％、木曽川で八〇％、豊川でも七九％にのぼり、淡水生物全体に対しても四八％と半分近くを占めることからも明らかである。さらに、それら水生昆虫のなかでも、一生を水中で過ごす昆虫類は水生昆虫全体の一部にすぎず、圧倒的に多いのが一生の大部分を幼虫として水中で過ごし、繁殖期に陸生の成虫に脱皮する種である。

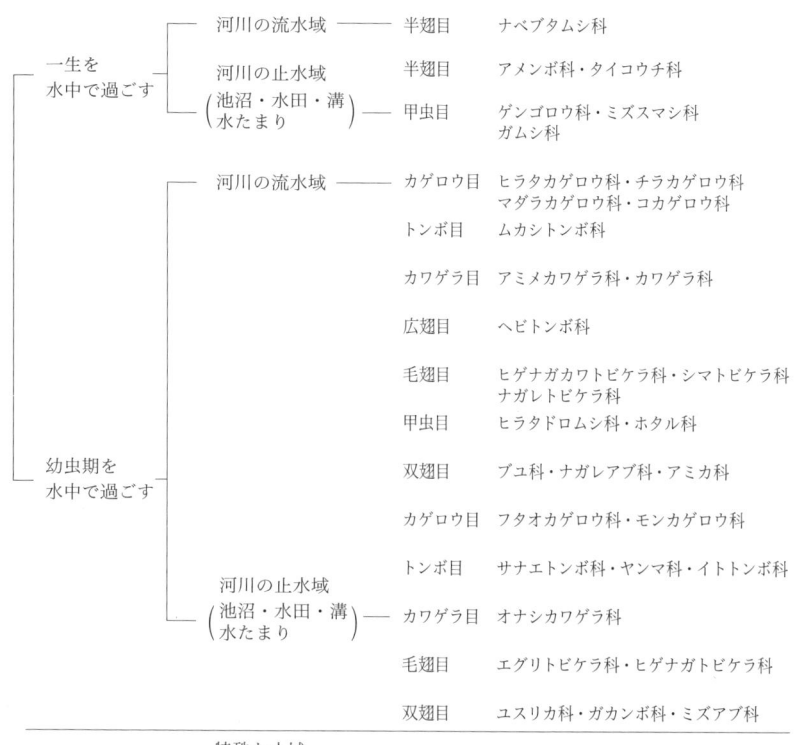

表Ｉ−3　河川における水生昆虫の生息域別分類

生息期間	生息域	目	科
一生を水中で過ごす	河川の流水域	半翅目	ナベブタムシ科
	河川の止水域（池沼・水田・溝　水たまり）	半翅目	アメンボ科・タイコウチ科
		甲虫目	ゲンゴロウ科・ミズスマシ科　ガムシ科
幼虫期を水中で過ごす	河川の流水域	カゲロウ目	ヒラタカゲロウ科・チラカゲロウ科　マダラカゲロウ科・コカゲロウ科
		トンボ目	ムカシトンボ科
		カワゲラ目	アミメカワゲラ科・カワゲラ科
		広翅目	ヘビトンボ科
		毛翅目	ヒゲナガカワトビケラ科・シマトビケラ科　ナガレトビケラ科
		甲虫目	ヒラタドロムシ科・ホタル科
		双翅目	ブユ科・ナガレアブ科・アミカ科
	河川の止水域（池沼・水田・溝　水たまり）	カゲロウ目	フタオカゲロウ科・モンカゲロウ科
		トンボ目	サナエトンボ科・ヤンマ科・イトトンボ科
		カワゲラ目	オナシカワゲラ科
		毛翅目	エグリトビケラ科・ヒゲナガトビケラ科
		双翅目	ユスリカ科・ガカンボ科・ミズアブ科

特殊な水域

注：属や種によっては生息域が違うものもあるが科全体の特徴として分類した。
　　柴田康行氏による分類表を抜粋・改変した。
出典：松倉・柴田共著(1999)『天の魚と地の漁りと——豊川における魚の生態と漁撈』

この代表には、幼虫をヤゴと呼ぶトンボと、俗に〝川虫〟と呼ばれるカゲロウ・カワゲラ・トビケラ類とがある。細かな分類はしないが、川虫類にはこれら以外に多くの昆虫類も含まれる（表Ｉ－３を参照）。一般に親しまれる昆虫といえばトンボであるが、その幼虫であるヤゴの多くはもっぱら河川の静水域（アシが茂った岸寄りのくぼみなど）に隠れて住み獲物を待ち構える。

この点で対照的なのが、清流河川の流水域に生活圏をもっている川虫類で、とくに早瀬の石礫底に密集する傾向が強い。ある種のカゲロウ・カワゲラ・トビケラ類は清流のシンボルと

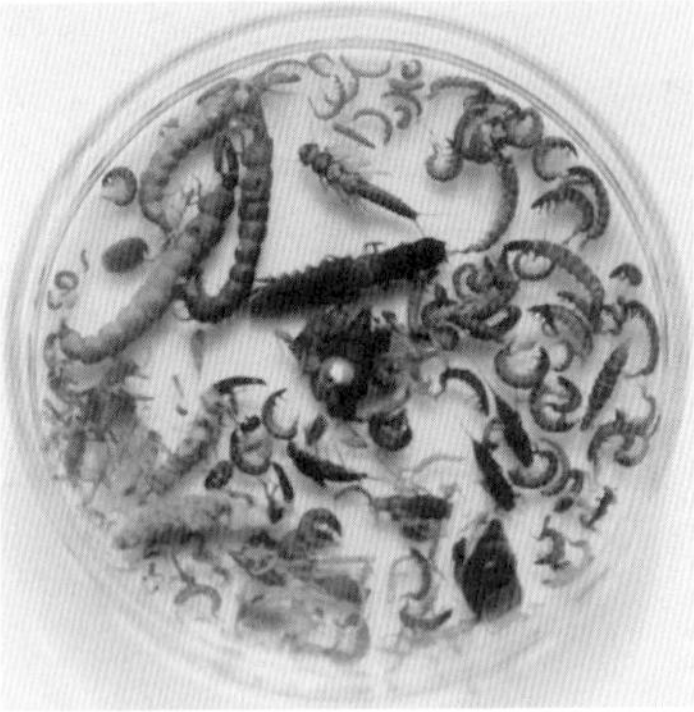

豊川に生息するベントス類

いってよいと思うが、とりわけアマゴ・カワムツなどを狙う釣り人から〝ヒラタ〟と呼ばれるヒラタカゲロウにそれが代表される。ヒラタカゲロウ幼虫は、豊川では汽水が淡水にかわる下条橋あたりから源流である本谷川まで、早瀬にのみ生息している。正確にいえば、七種あるヒラタカゲロウ属のうち普通種は四種あり、平地から山地渓流にかけてエルモン・ユミモン・ナミのヒラタカゲロウが、山地渓流にウエノが生息する。そのため山地渓流の早瀬には以上の四種が混生する。ウエノは滝のように落ち込む激流部に、ナミとユミモンが泡立つ早瀬に、岸寄りのやや緩めの早瀬にエルモンが集中するというように、同一水域の早瀬で「すみわけ」、そして摂食（藻をはむ）季節をずらして「くいわけ」しながら珪藻類を食べるのである。

ヒラタカゲロウ幼虫のこのような分布は、生物による水質判定法で四段階に分けられた水質階級にあてはめると貧腐水性（清冽）からβ中腐水性（やや汚濁）の水域であり、それ以下のα中腐水性（かなり汚濁）、強腐水性（極めて汚濁）の水域では同じ早瀬でも観察できないことが明らかである。

名古屋女子大学の生理生態学研究室では、すでに一九七六年七月から翌年四月にかけて豊川の源流から河口まで三〇地点で底生動物の種類と分布を調べていた。肉眼的生物指標による水質階級の判定をするためであった。調査の結果、源流から豊川放水路分岐点までの水域では全般的にエルモンヒラタカゲロウ・カワゲラ・ウルマーシマトビケラ・チャバネヒゲナガカワトビケラなど清水性の種が優占しており、地点ごとの種類構成もほとんどの種がNo.1～26の調査地点（図Ⅰ

図I−9　豊川の調査地点図

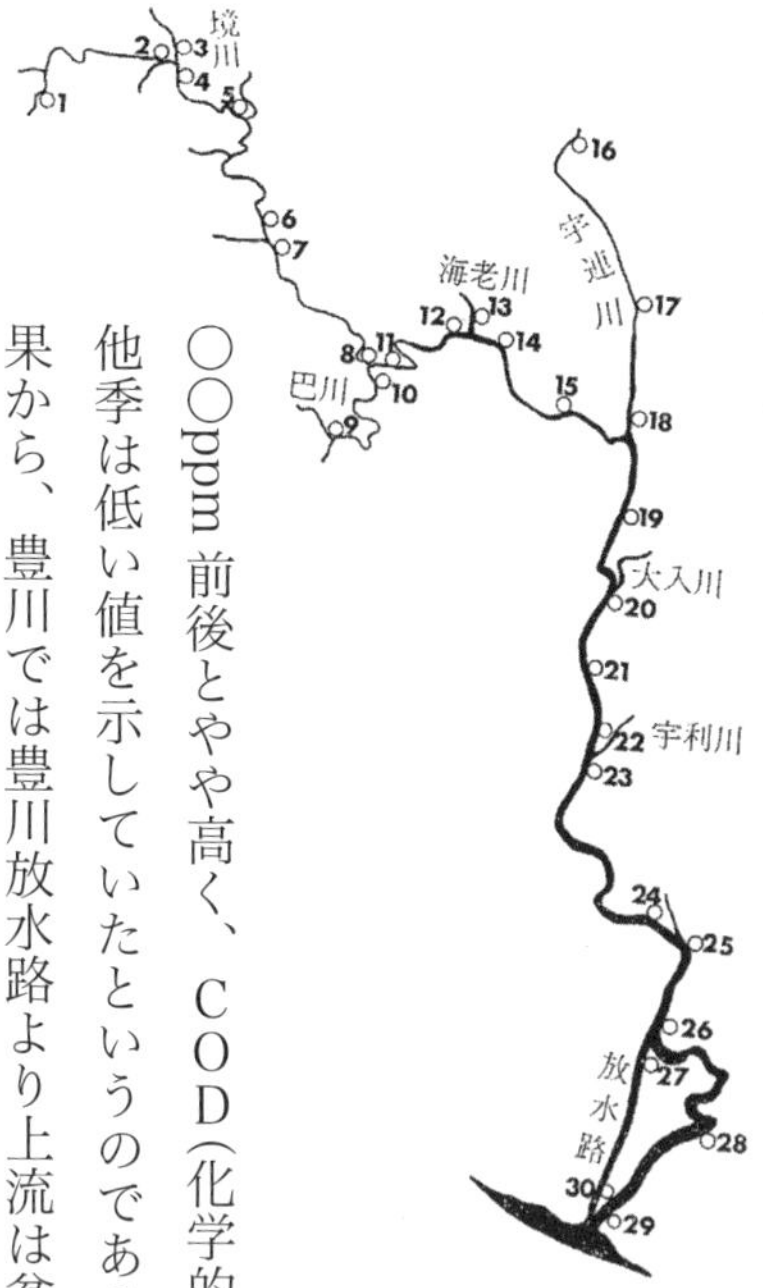

調　査　地　点

St. 1	寒狭川	宇連（本谷口）
St. 2	寒狭川	松戸・松戸橋上
St. 3	境　川	松戸・松戸橋上
St. 4	寒狭川	松戸・旧田口駅上
St. 5	寒狭川	田内・清崎小学校下
St. 6	寒狭川	大輪
St. 7	寒狭川	当具津川合流点　大輪
St. 8	寒狭川	棒天
St. 9	巴　川	塩瀬・白鳥神社
St. 10	巴　川	一色
St. 11	寒狭川	巴川合流点　布里
St. 12	寒狭川	小松・弁天取入口下
St. 13	海老川	長楽・長楽橋上
St. 14	寒狭川	長楽・長楽橋下
St. 15	寒狭川	銭亀・長篠発電所上
St. 16	宇連川	槙原・三河槙原駅下
St. 17	宇連川	井代・三河大野駅上
St. 18	宇連川	本久・内金橋上
St. 19	豊　川	塩沢・早滝橋上
St. 20	豊　川	大入川合流点　井道
St. 21	豊　川	石田・石田橋下
St. 22	豊　川	土合・牟呂・松原顧首工下
St. 23	豊　川	宇利川合流点　八名井
St. 24	豊　川	二葉町
St. 25	豊　川	当古町・当古橋
St. 26	豊　川	柑子町
St. 27	豊川放水路	行明町・柑子橋下
St. 28	豊　川	今橋町・豊橋公園下
St. 29	豊　川	馬見塚町・渡津橋下
St. 30	豊川放川路	前芝町・前芝大橋下

−9を参照）で広く分布していることが判明していた。⑸

すなわち、この調査による、最下流地点の豊川市柑子《こうじ》町（同図のNo.26）で、底生動物が種類数でも個体数でも上流と比べ減少してはいるものの、四季を通じて四五種あり、そのうち清水性の種が三七種、その三七種のうちミツトゲマダラカゲロウ・エルモンヒラタカゲロウ・クロタニガワカゲロウが優占性種であった。本谷口（同図のNo.1）での四季を通して五一種、そのうち清水性の種が四五種と比べてもあまり劣らない多様性をもち、水質も良好であるといえる。水質については、同時に実施された化学分析でBOD（生物化学的酸素要求量）は夏季で四・三二ppm、他季は二・〇〇ppm前後とやや高く、COD（化学的酸素要求量）も夏季には一・七一ppmとやや高いが、他季は低い値を示していたというのである（水質の目安については表I−1を参照）。以上の結果から、豊川では豊川放水路より上流は貧腐水域、下流は放水路を含めて塩水遡上の影響もありα中腐水域に属すと判定されたのであった。

もうひとつ、豊川の魚種についてみてみよう。六〇年代から九〇年代前半にかけて行われた各種の調査を大ざっぱにまとめると、表I−4のとおりである。これらの数字は豊川とその支流を含んでおり、調査時期・調査方法などが異なり、さらに確認箇所・個体数まで厳密に区分したものとはいえない。また、他の河川と比較した調査は少ない。ここでは同じ豊川とその支流四〇および池沼・溜め池四一か所について、豊川市赤塚山公園ぎょぎょランド学芸員・浅香智也氏らが一九九三年四月から九七年一二月までかけて定点を設けずに実施した魚種の調査から、純淡水魚

表Ⅰ－4　豊川流域における魚類相

純淡水魚		通し回遊魚	周縁性淡水魚
スナヤツメ	ハス	ウナギ	コノシロ
アマゴ	ギンブナ	アユ	カタクチイワシ
＊ヤマメ	ナガブナ	カマキリ(アユカケ)	シラウオ
ニジマス	ゲンゴロウブナ	チチブ	クルメサヨリ
イワナ	コイ		コチ
カワマス	ヤリタナゴ	＊ゴクラクハゼ	スズキ
ワカサギ	×イチモンジタナゴ	ウキゴリ	シマイサキ
タモロコ	アブラボテ	＊ボウズハゼ	ヤガタイサキ
ホンモロコ	シロヒレタビラ	△サツキマス	ヒイラギ
イトモロコ	ニッポンバラタナゴ		クロダイ
スゴモロコ	△オオクチバス		
オイカワ	△タイリクバラタナゴ		ボラ
△コウライモロコ	ドジョウ		マハゼ
ムギツク	ホトケドジョウ		ビリンゴ
カワヒガイ	シマドジョウ		カワアナゴ
ビワヒガイ	ギギ		イシガレイ
ニゴイ	ネコギギ		クサフグ
カマツカ	アカザ		ギマ
＊ゼゼラ	ナマズ		ダツ
モツゴ	メダカ		△キチヌ
シナイモツゴ	カジカ	ウグイ	△ウロハゼ
アブラハヤ	×ウツセミカジカ		△ミミズハゼ
タカハヤ	カワヨシノボリ	クロヨシノボリ	△アベハゼ
カワバタモロコ		シマヨシノボリ	コトヒキ
カワムツ		トウヨシノボリ	
○タイガーラウト	ドンコ	スミウキゴリ	
	カムルチー		
	ティラピア	ウツセミカジカ	
	△タウナギ	△ヌマテチブ	
53種		15種	23種

注：
＊印は1981年の川那部民らの調査（『豊川水系における水資源開発と鳳来町』所収）ではじめて記録されたもの
△印は1990～01年の柴田康行『豊川流域における魚類と底生動物の分布状況』ではじめて記録されたもの
○印は1991年の愛知県内水面漁連による『生息魚類調査報告書』ではじめて記録れたもの
×印は1994～95年の『河川水辺の国勢調査』ではじめて記録されたもの

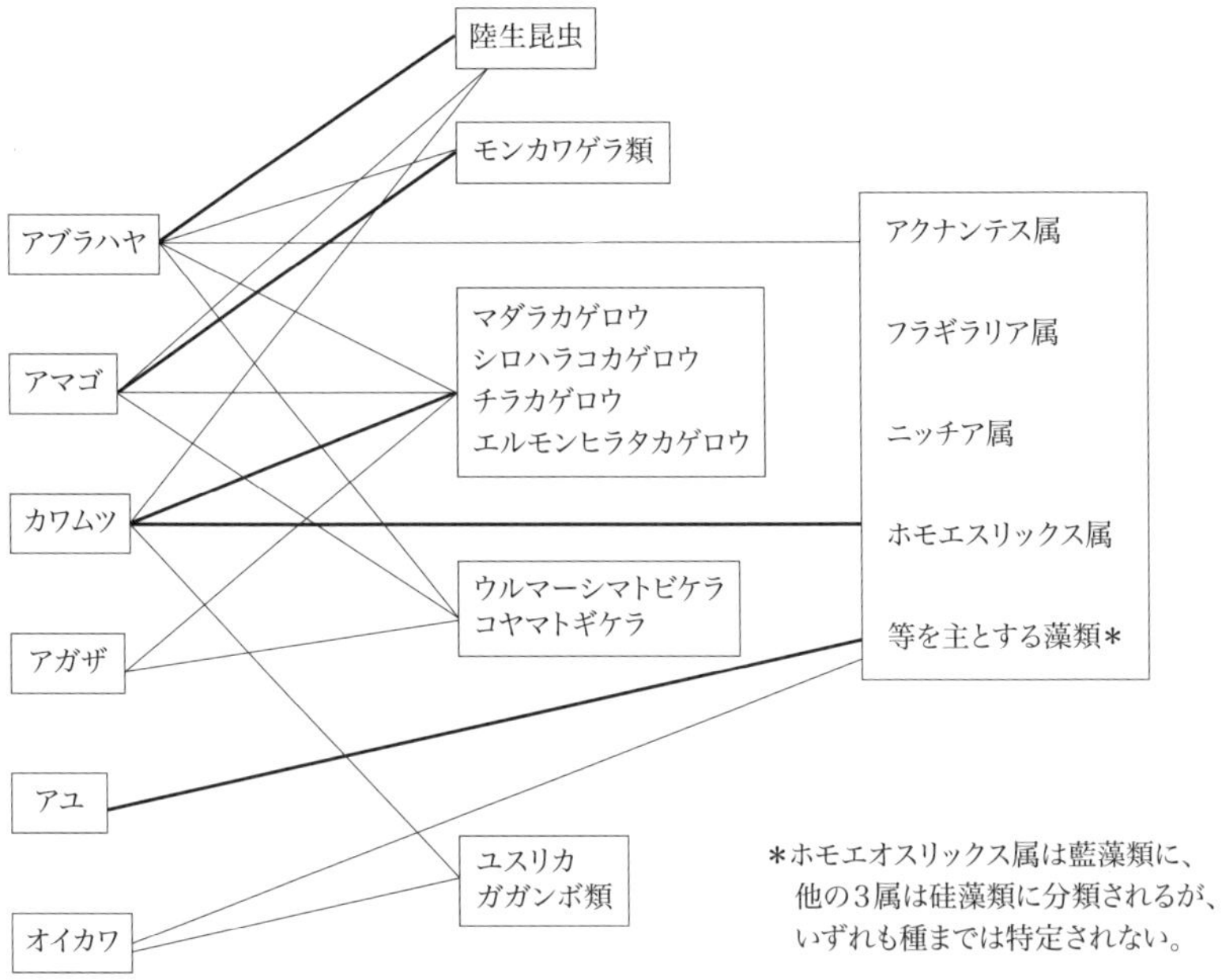

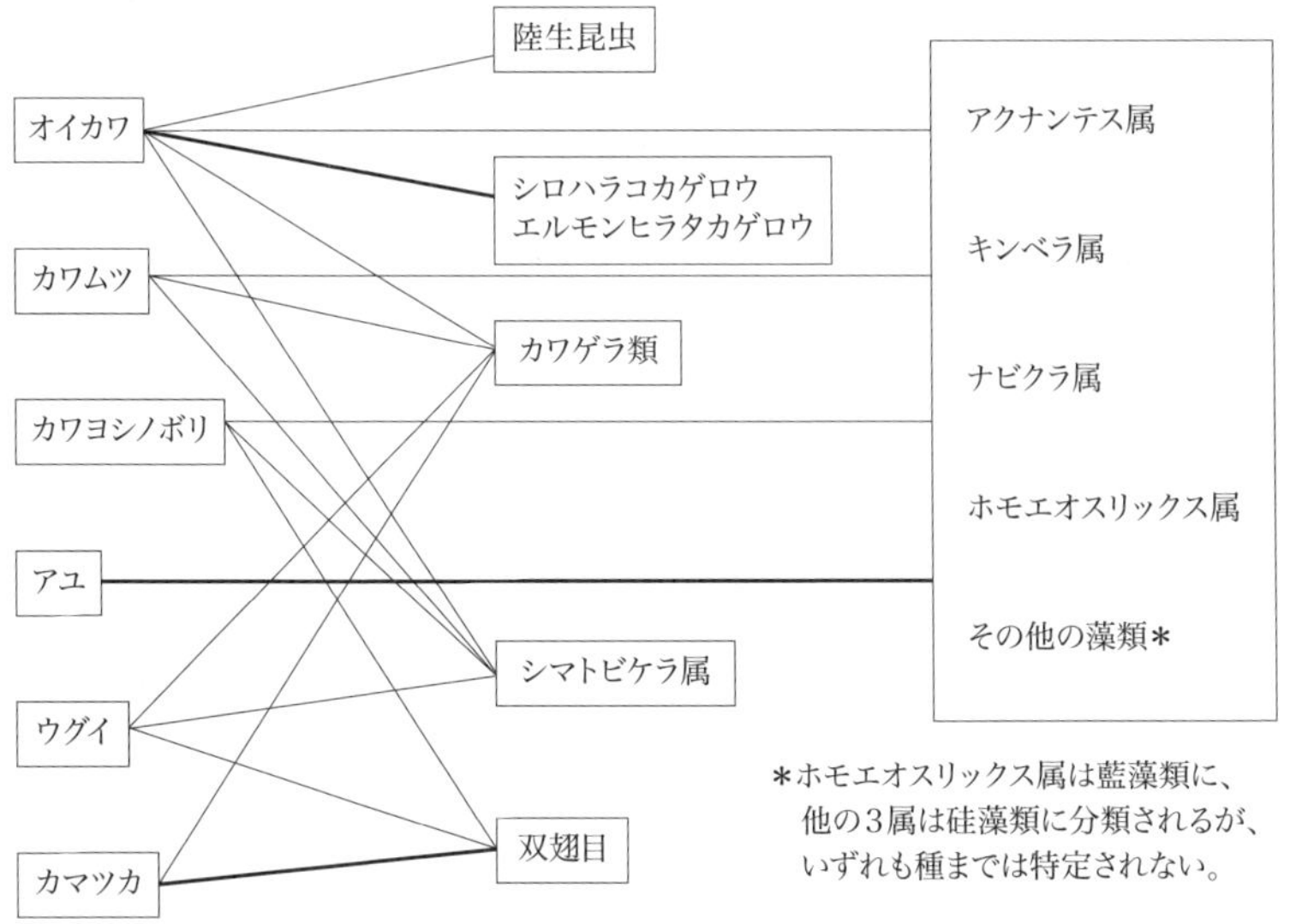

図Ⅰ-10　豊川における藻類・底生昆虫・魚類の食物連鎖
（上は寒狭川・松戸付近、下は宇連川・大野頭首工付近）
注：太線ほど連鎖が強い（魚が頻繁に摂食する）ことを示す。

四六種、通し回遊魚一九種、周縁性回遊魚二五種、総計九〇魚種だったという結果だけを付け加えておこう。この数値からすれば、調査条件の違いはあっても、少なくとも九〇年半ば頃までは、豊川に多様な魚種が生息していたことは否定できないだろう。

表Ⅰ-5　豊川用水通水前後の流況比較（石田地点）

単位：㎥/秒

観測年		豊水流量	平水流量	低水流量	渇水流量	平均流量
1956～1965	平均流量	28.97	15.09	8.57	4.58	33.94
	標準偏差	9.11	3.53	3.74	2.46	9.96
1983～1992	平均流量	21.74	12.55	8.01	4.83	25.20
	標準偏差	4.59	2.40	1.96	1.22	6.13

出典：市野和夫・宮澤哲男・西條八束「豊川流域の環境問題」報告書、愛知大学共同研究(B-6)、1996年3月より抜粋。

以上の調査から、豊川の多様な生物種はプランクトン、ベントス、ネクトン他などが相互に連鎖しあって流域生態系を構成していることが予測できる。かなり時期はさかのぼるが、ここで、一九七六年夏季と秋季に集中的に調査し、翌年四、五月に補足調査をまとめられた報告書(6)のなかから、豊川流域における藻類—底生昆虫—魚類の間の複雑微妙な食物連鎖のありさまを、二地点ぶんだけでも抜き出しておく。豊川の「豊かな生態系」についていくぶんでも理解が深まればと願う（図Ⅰ－10）。

◉——2　豊川を活用する物資輸送——舟運と木材流し

現在、豊川には上流から布里、石田、当古《とうご》の三か所の流量観測点がある。布里観測点は旧鳳来町布里地区の寒狭川にあり、少し上流で右岸から巴川が合流している。石田観測点は新城市の新城橋直下にあり、ここから下流は豊橋平野へと連続する沖積地が展開する地点である。当古観測点は石田より一〇㎞ほど下流、豊川放水路の分岐点から二㎞上流に位置している。これら三観測点における流域面積はそれぞれ二四八・一、五四五・〇、六三四・〇㎢であり、年間平均流量は、一九七一～二〇〇〇年の三〇年間（当古の場合、七三年と九〇年に欠測日が続いたので二十八年間）の平均でそ

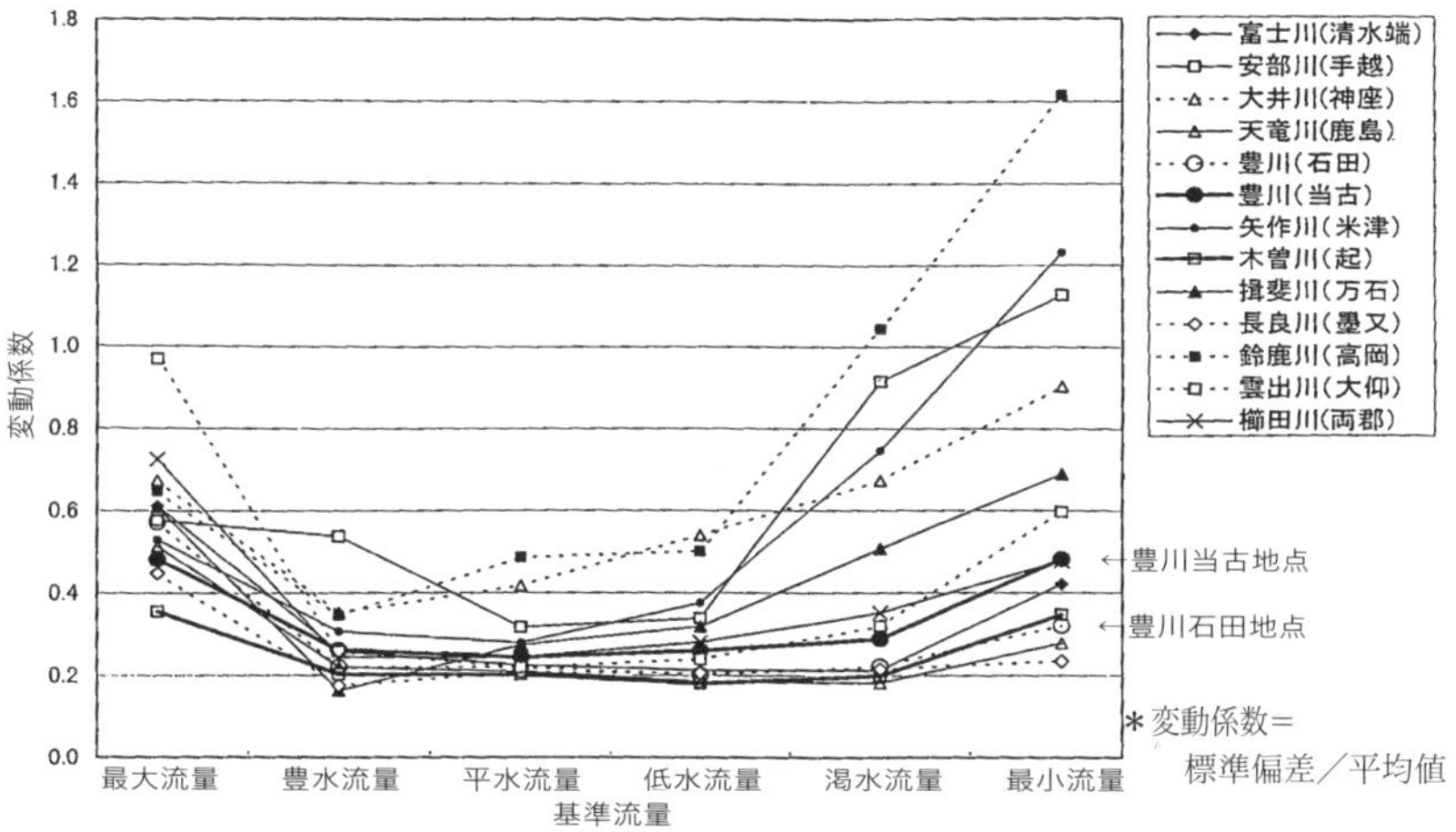

図Ｉ－11　東海地方における主要河川の基準流量の変動係数
出典：宮澤哲男『豊川流域の水文環境』（1999）岩田書店。一部変更

れぞれ一五・七、二七・三、三一・一㎥／秒である。これらの平均流量は豊川用水通水前後にまたがる計算データである。

ところが、豊川用水通水後には、最大支流・宇連川の流出量は洪水時を除いて大野頭首工（河水をせき上げて用水路へ農業用に取水する施設）で全量取水されているから、石田での流量はほとんどが寒狭川から流出したものであり、また石田のすぐ下流には牟呂松原頭首工があり、ここからも取水されているから、当古での流量も豊川用水以前とは違ったものとなっているはずである。そこで、豊川用水通水前後十年間（一九五六～六五年と一九八三～九二年）で比較してみると、石田地点において年間の平均流量で八・七㎥／秒以上、流れの豊かさが感じられやすい豊水流量（年間九五日は利用可能な水量）で七・二㎥／秒以上も減少していることが分かる（表Ｉ－5を参照）。宮澤哲男愛知大学教授によれば、豊川上流の宇連ダム等での貯留・取水により渇水流量（年間三五五日は利用可能な水量）を〇・二五㎥ほど増やした結果、つまり自然流域圏以外の豊川用水から利用する圏域（流域外の豊川市西部・蒲郡市・豊橋市南部・田原市・湖西市の受水域を含め豊川流域圏と呼ぶ）で水利用ができるようにした結果、豊川の流量は平滑化されてしまったのである（図Ｉ－11を参照）。これらのことから逆に、豊川用水以前の豊川の流況は現状よりかなり豊かだったことが分かる。この事実を踏まえて豊川を活用した物資輸送を取り上げよう。

古来、奥三河山間地の人びとも、暮らしに必要な物資をすべて自給できたわけではない。時々の支配者から貢租等を義務づけられてもいたため、明確な記録は残っていなくとも、これら貢租等や生活物資の一部を遠隔地に運んだり遠隔地から持ち込んでいたし、人馬の往来も少なくなかった。天下統一がなり、戦乱の収まった江戸期には五街道が整備され、東海道から分かれて伊那街道・下《しも》街道・遠州街道なども通じ、奥三河へも幕府使者の巡検や領主の江戸往来がなされたり、公武の鳳来寺・秋葉山等の参詣にもそれらの街道が利用され、百姓や商人の往来までが頻繁になってゆく。

なにより重要だったのは貢租米の輸送であり、次第に駄賃(運び賃)をとって各地の商品作物を馬で運ぶようになった。これが信州中馬《ちゅうま》稼ぎとよばれる、信州を中心にして伊那街道を岡崎・名古屋へ、そして新城・吉田へと産物を荷駄にして運ぶ運送業であり、三州馬稼ぎ(北設楽の村々で信州方面に馬を引き駄賃稼ぎに出かけていたことをいう)であった。これらの荷駄は新城から吉田(豊橋)方面へ、また逆に吉田方面から新城へと、いずれも豊川ルート(舟運)で輸送された。つまり新城は陸運と舟運の結節点としてきわめて活気づくこととなった。新城が「山湊馬浪《さんそうばろう》」(芭蕉門弟で元新城商人・太田白雪の言葉)と称されたゆえんである。

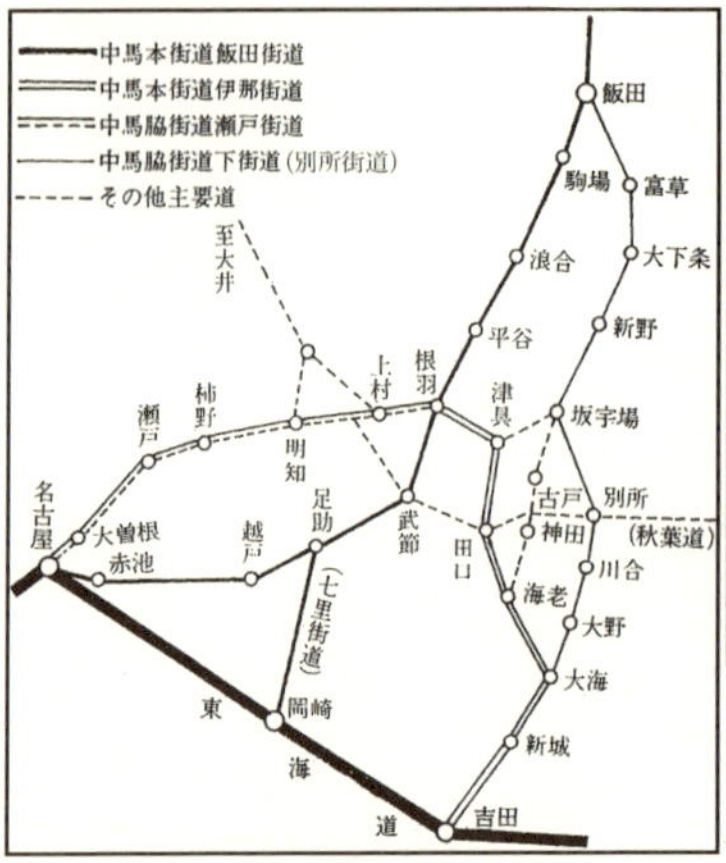

図Ⅰ-12　信州中馬の経路

出典：愛知県教育委員会『北設楽民俗資料調査報告(1)』(1970)

新城街繁昌之図

江戸末期に描かれた『参河国名所図絵』所載

ここでは豊川の舟運ルートに的を絞っておこう。戦国の世が治まるにつれ、全国の河川で通船が始まる。幕政の整備が進んだ寛永年間には、いち早く豊川でも新城や長篠付近から通船が始まった。富士川、天竜川などと比べ、豊川は舟を通じやすい地形と豊かな流れをもっていたからでもあろう。当初の船数は明らかでないが、急速に増加したことは確かであり、舟持ちたちは仲間を結成して二百文から五百文の舟役を納めることにより船数を制限して増加を抑えたほどだったという。それでも幕末には流域全体で百艘を超えていたと記録されている。

たとえば表Ⅰ－6から、舟持ち数と船数が最多だったのが乗本と新城であったことが分かる。乗本七村では新城以上の舟持ちを数えていたが、端緒は、戦国期に長篠城主だった菅沼家の末裔が三輪川（宇連川）左岸の小川《おがわ》に移住・定着して回漕業を始めたことであった。すなわち五代菅沼定正が牛淵河岸《うしぶちがし》の船主らを糾合し、美濃から船大工を招いて在来船より小型・狭長で、艫《とも》と舳《へ》の区別がなく方向転換の必要がない鵜飼船《うかいぶね》をつくらせた。上りは帆を使い、瀬では一人が竿で漕ぎ、もう一人は岸に出て綱を引っ張る。吉田との往復には三日かかった。一六六四（正保元）年に官許を得たという。定正は黄柳川《つげがわ》が合流する直上の三輪川左岸に物資集散拠点（羽根河岸《はねがし》）をおき、時運に乗じて年ごとに繁盛し屈指の回漕問屋として、対岸・内金《うちがね》の久保屋[7]とともに盛名を馳せたのであった。

表Ⅰ-6　村別舟持ち数と船数

村　名	天保11年舟持ち数	嘉永元年船数
滝川村	1	—
横山村	1	—
有海村	1	1
清井田村	1	—
川路村	6	14
岩広村	1	1
新城町	12	19
石田村	2	6
中市場村	2	
定池村	1	6
中村	2	
川田村	—	1
長篠村	5	16
乗本村	13	19
塩沢村	4	8
島原村	8	11
庭野村	—	2
一鍬田村	3	4
東上村	2	4
計	65	112

出典:『新城市誌』(1963)より

通船開始と合せて豊川沿岸の東上村《とうじょう》(旧一宮町内)には、豊川を下る諸荷物と陸路を運び出される荷物に税を取り立てる御番所が幕府により設置された。この税を分一《ぶんいち》課税といい、品目ごとに税率が一〇分の一、二〇分の一などと五段階に分かれ、次第に七段階に、また課税品目も増やされた。天竜川や矢作川でも同様であったが、東上御番所での運上金《うんじょうきん》取立高は矢作川の細川御番所の二倍以上に及んだとされる。一例をあげれば、一七八九(寛政元)年に矢作川では一八二両余であったが豊川では四二六両余もあった。それほど豊川では舟運が盛況だったということである。

もうひとつ、豊川を利用した物資の輸送に奥三河で伐採された木材の流送がある。古くは天平時代に遡るというが、南北朝時代には「設楽山《したらさん》」(寒狭川筋ではなく三輪川筋の山々)から伐り出された用材が伊勢神宮式年遷宮のため搬出された。伊勢神宮と関係の深かった設楽氏が当時、室町将軍の奉公衆として勢威を誇っており、この設楽氏の領内に川合山、神田山、大津牧原山一帯があり、これを「設楽山」と記載したとすれば、伐出された用材は三輪川を流送されたと考えられる。伊勢遷宮の造宮使が派遣した杣《そま》(きこり)や運材の技能者が在地の人びとを指揮したものであり、その時の伐木造材・運材・流材の技術が継承されたものと考えられる。一方、鎌倉時代から室町時代にかけ、木地師《きじし》といわれる全国を渡り歩く木工職人により木材伐出が行われた。ブナやナラなど五種の木材から食器や盆などをつくるためである。伐採量は多くはなく、また伐採された木地は人肩で搬出、美濃方面へと集荷されたと考えられる。

近世に入ると、大名の城普請など公用材として段戸山辺りから檜のほか、栂《つが》・椹《さわら》・栗など黒木(樹皮付き原木)の伐出が頻繁に、また大量に行われた。それらは役所の請負いから始まって次第に商業化

牛淵で筏が組まれる（昭和初期）
注：上流から見る。奥の橋は牛淵橋

されてゆく（商人運上仕出し）。その伐木山出しは地元に請け負わせ、川狩《かわが》りといって庄屋・組頭ごとに作業班を組んで行う運材法は布里村（三輪川の場合は川合村）に、筏流送は長篠・乗本に請け負わせた。後には、在地土豪出身で配下に有力な杣・日傭《ひよう》を擁する庄屋・組頭が私財を蓄えて元締として領主や材木商の請負いをするようになった。寒狭川を一本ずつ原木が流され、牛淵辺りで筏に組まれ、吉田まで流送されたという。これら伐木造材・運材・筏流送には木曽山から杣夫・出材夫・筏師が送られてきたといい、じっさい伐採器具・運材施設・筏の構造・労務組織など伐木運材体系の伝統は明治・大正時代まで基本的に継承されてきたものと考えられる。

明治以降も、鉄道が開通するまで、天竜川・矢作川・豊川の三水系からなる奥三河木材の伐出流送は大部分、豊川を利用した。豊川は屈曲が少なく河床に障害物も少ないうえ、水量が豊かで川狩り・筏流送を比較的円滑に行うことができたからであろう。吉田湊まで川下げするコースが三輪川（東川とも）経由と寒狭川（西川とも）経由との二系列あった。山師《やまし》たちの労務組織に関する記録は未見だが、関係者によると、杣頭《そまがしら》の率いる杣組による伐木造材作業と、庄屋に従属する日傭組による集・運材作業ならびに筏組による筏流送作業との二系列が、伐出請負業者としての在地土豪である元締によって統括され、山元から吉田河岸まで一貫作業を営むというのが慣例とされていたようである。

だが、これら労務組織は木曽川のように完備されてはおらず、おそらく他地域から熟練者を招いて地元労務者を指導したものと思わ

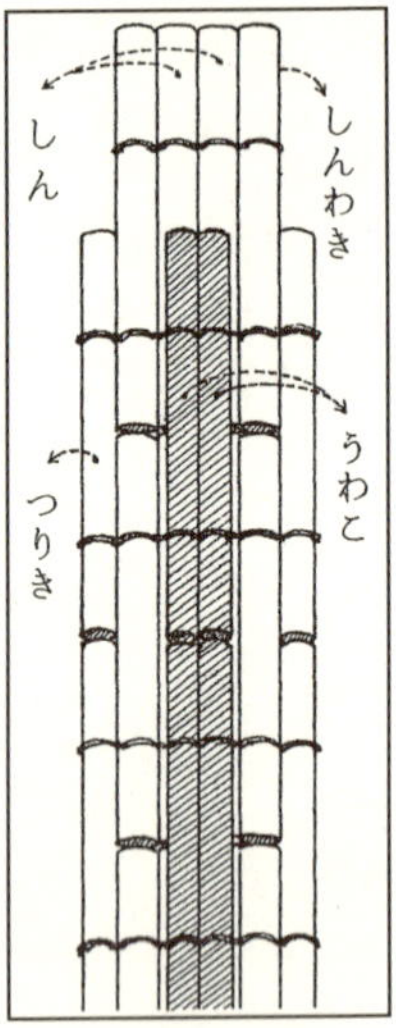

筏（四がき）の組み方
菅沼貴一（1975）『吉田川回漕史』私家版

れる。この熟練者というのは、杣頭や庄屋、その配下で働く木鼻《きばな》・木尻《きじり》役などである。木材を川狩りする場合、先頭を仕切る木鼻役と、しんがりを勤める木尻役とは相当な熟練を要した。さらに寒狭川の場合、集・運材作業と筏流送作業とは別個の組織であったのに、三輪川の場合は一体であった。しかも、川狩りしてきた単材（原木）を筏に組むのは、前者では牛淵の土場が多く、後者では内金、小川の両土場で行った。ただ、合流点下流の本川も筏流送には困難が多かった。長さ約四mの丸太を末口《すえくち》の直径別に、四《し》がき・並三《なみさん》・大三《おおさん》などに組み合せた筏は、五《いつ》たき（筏を五つに連結したもの）にとどめ、筏師二人で下流下川路《しもかわじ》の瀞場まで「乗り送り」をし、ここで十《と》たきにして吉田まで筏師一人で乗り下げた。流況が悪い場合は下川路の瀞場が筏組みに使われたらしい。いずれにしろ、冬季渇水時の澪《みお》（筏の通り道）つくりや、洪水時の流木回収など艱難辛苦に満ちた作業が多く、とくに小学校を終えたばかりのカシキ（作業見習い）は宿での朝晩の炊事、弁当づくりと現場までの運搬、宿替えごとの荷物運び、そして現場での手伝い等々、大変な苦労だったと聞いている。

以上のような豊川の物資輸送に励んだ舟運業者と運材業者たちとは、しかし、うまく共存できたわけではない。むしろ軋轢紛議が絶えなかった。とりわけ運材、なかでも管流し（洪水時に原木を一斉に流し、必要地点でアバ綱を張り渡して流下する原木を止めて集める運材法）の横行に対する禁令がすでに江戸時代にも何回かくりかえし出された。たとえば、「諸材木や松材等を管流しすると、あちこちの川岸が痛み、通船にも支障がでるから筏に組んだり船積みにしなさい。この決まりを破らないように」（口語訳）などという高札（一八六八（慶応四）年）が立てられた。明治以降も愛知県が一九〇一年に「竹木材川下《かわさげ》取締規則」を出していた。そのことは、豊川鉄道が開通して（一八九六年）林産物も「三河板」などの加工品は鉄道によることが多かったにしろ、原木や榾木《ほたぎ》（燃料にする松等の短材）のようなものはなおも水運によっていたことを示しており、その間の舟運と管流し（や筏流送）との紛議は続いたようである。

むろんのこと、このような流域コモンズの利用をめぐる紛議は、他の利害関係者との間でも断続していた。水力発電所の建設、灌漑用水の取水期（とくに後発の牟呂用水の場合など）にはそうであった。またアユやアマゴなど川漁（漁業組合）とのトラブルもあったであろうが、正確な記録は公開されず、あるいは残されていない。

◉——3　渥美湾の幸と豊川の恵み

豊川が多様な生物構成をなし、とりわけ珪藻類や底生昆虫類が数多く棲息し、それゆえ魚類や甲殻類をも豊かにしていること、また食物連鎖や巧みな「すみわけ」「くいわけ」を通じて支え合っていることについては第2章1節でふれたとおりである。これは川だけのことではない。

かつて東京湾と並んで伊勢湾——その内湾である三河湾は魚介類であふれ、沿岸漁業が発展していた。とりわけ三河湾東部の渥美湾は、全国に名だたるノリ養殖漁場であったし、とくに豊川河口の干潟ではハマグリ・アサリばかりでなくバカガイ、サルボウなど二枚貝が湧くように育った。この一面に広がる浅場・干潟こそが魚介類のゆりかご「アマモの藻場」であった。

じつは、この渥美湾は最奥部の豊川河口から湾に流入する淡水の影響を強く受ける。つまり、

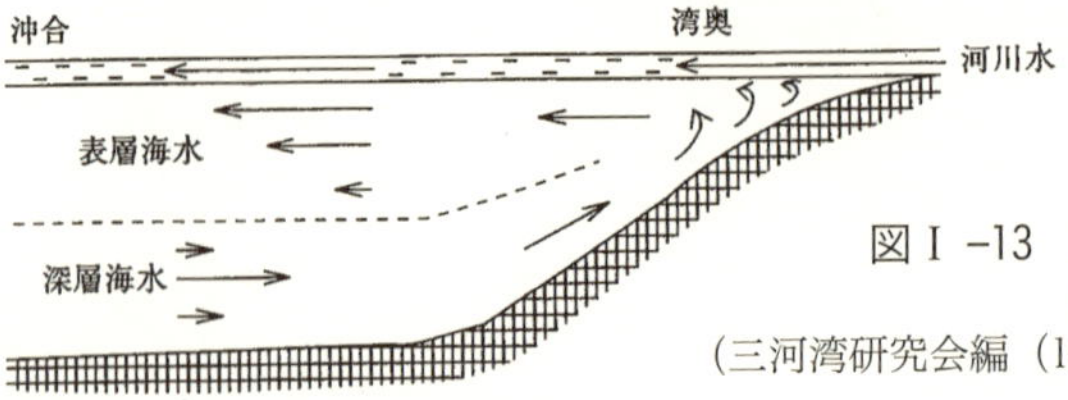

図Ｉ－13　エスチュアリー循環
（密度流による海水交換）
（三河湾研究会編（1997）『三河湾』八千代出版）

流入する淡水は海水より軽いため湾の表層を沖に向かい、それを補うように沖合から深層を海水が河口めがけて遡上してくる。この下層からの海水を取り込みながら、表層流が沖に向かうことになる現象をエスチュアリー循環という（図Ｉ－13）。この循環流の強さは流入する豊川流量の一〇～二〇倍ともいわれ、とりわけ豊川の豊水流量が多いほど効果的に現れるとされている。(8)

この場合、海底まで太陽光が届く河口付近の浅場や干潟では、河川水と沖の深層海水との双方から栄養塩類が絶えず供給され、これを利用してプランクトン（浮遊生物）や底生微小藻類が増殖する。流れの緩やかなところでは微細粒子が沈積し泥質となりやすく、デトリタス（動植物の破片・死骸・排泄物などや、その分解産物）もたまることから、これらを餌とするベントス（底生生物）が繁殖する。さらにヨコエビ、ゴカイ、カニなどを食すシギ・チドリなど渡り鳥が数多く飛来する。こうして渥美湾沿岸の浅場・干潟は生物生産力のきわめて高い生態系をかたちづくってきた（図Ｉ－14）。それが漁民たちの努力と一緒になって、愛知県が重化学工業コンビナートの造成を目指し大規模な臨海部埋め立てを始める七〇年代初頭までは、良質なノリ養殖の出荷やアサリなどの〝潮干狩り〟を地場産業化してきたのであった。(9)

かつて支流を含めた豊川の豊かな生態系は流域に暮らす住民たちに「川の恵み」をもたらしてきた。子ども時代、日がな一日水遊びに興じる（口絵⑤）。タモ網やタケミでメダカやヨシノボリ、ドジョウ、シラスウナギをすくい、サワガニやカワエビをつかむ。少し長じて、ミ

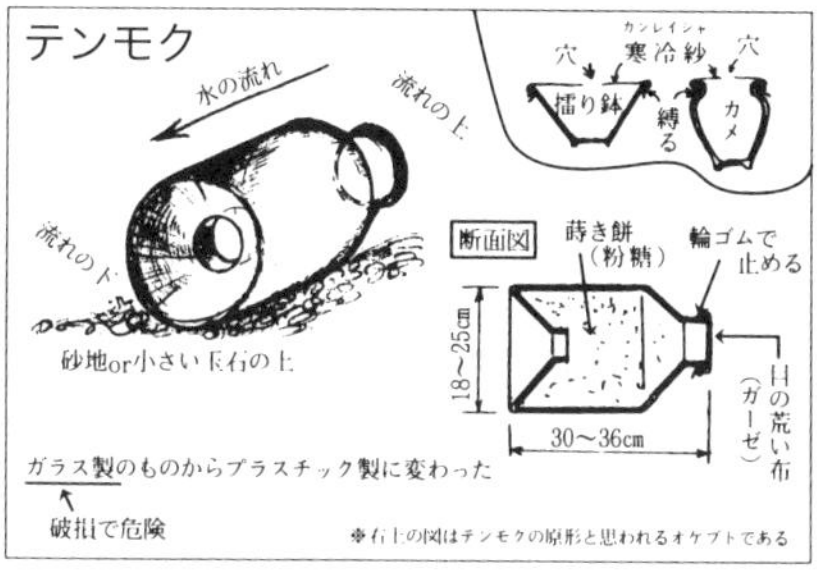

（鮎滝保存会長・林道敏作図）

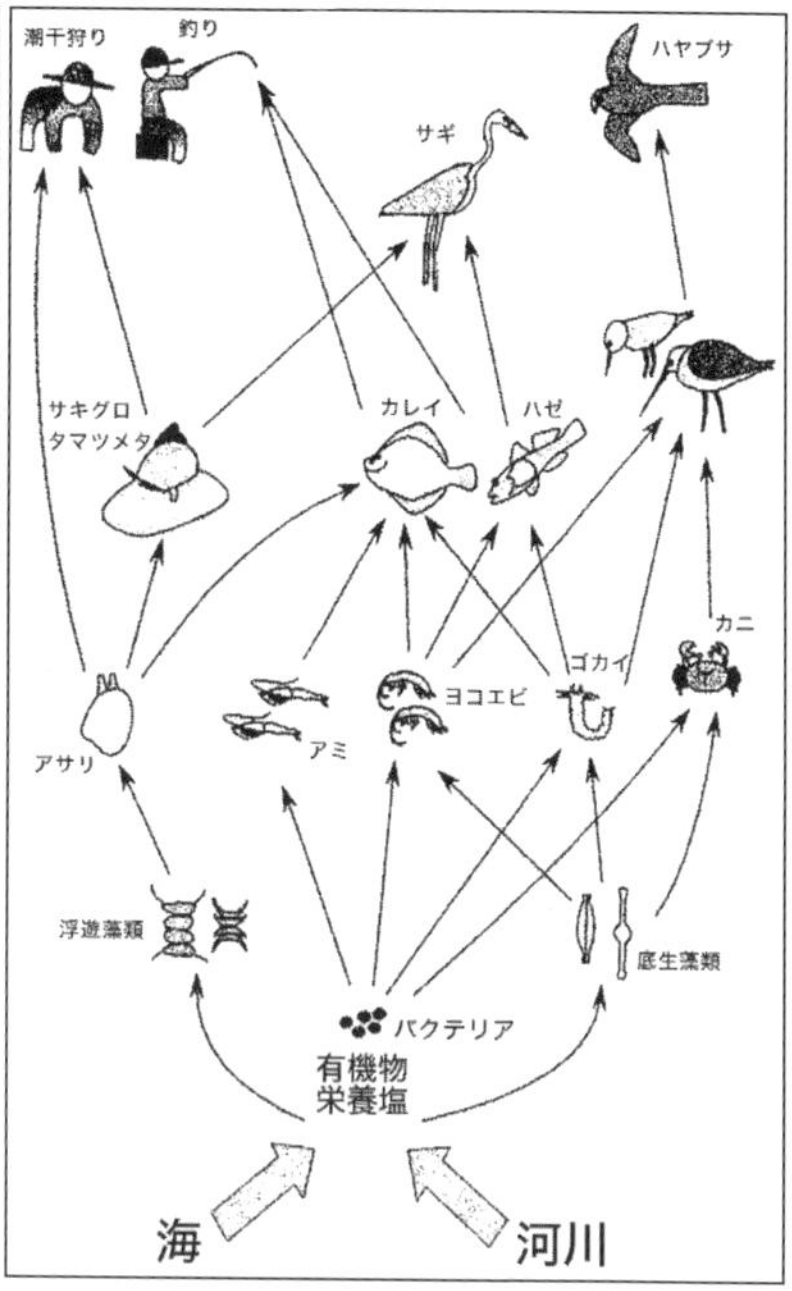

図Ⅰ−14　干潟の食物連鎖
出典：前出『みなと塾』第41号（2010）

ミズや昆虫の蛹《さなぎ》を餌にオイカワやカワムツを竿釣りする。オイカワは毛針でも釣れる。テンモクを淵に仕掛けると、浮魚《うきうお》ばかりかエビやカニまで入ってくる。さらに大人に連れられてアセチレン灯を掲げ夜突《よっ》きを試み、筌《うけ》を仕掛けてウナギを狙う。豊川本川へはアユの素掛け、ピンコ釣りをするために通うようになる。そのうちにアユの友釣りまでしたくなる。だが友釣りには囮《おとり》アユが必要だし、かなりの熟練も必要である。いっぽう、大人たちにとっては刺網が効率的だし、船使いの網漁なら群れアユも大量に捕獲できる。むろん、漁業協同組合の許可が欠かせないことになる。

ここで、とくにアユ漁に関わって豊川の漁業とその管理主体である漁業組合(10)の歴史をたどっておく必要があろう。

豊川では、遠く明治初期にはアユの友釣りが行われたものと思われる。各種資料によれば、アユの友釣りは江戸時代・天保年間には狩野《かの》川で簗漁《やなりょう》（川の一部をせき止め狭い流れを竹簀に落し入れて落ちアユを獲る漁法）に支障をきたすほど盛況だったという。それほど友釣り技術が進歩していたようだ。伊豆半島を北流する狩野川のアユ漁師たちは他の河川に竿一本で出かけたらしい。長良川や相模川、天竜川、そして豊川にもである。豊川に入

アユを釣り上げてタモに取り込む
出典：佐藤哲男（1996）『鮎入門―友釣りスタートアップガイド』の挿図より

り込んだ彼らのなかには、釣ったアユを現地で換金して生計を立てる者がいたという。地元のアユ漁師より優れた技術をもっていたからであろう。それに対抗するべく一八八九(明治二二)年、長篠を中心に愛知県の漁業組合準則に従う形で長篠鮎業組合が設立された。ちなみに、愛知県漁業組合準則(一八八六年)では、旧慣による漁場調整を円滑化するため「適宜区画ヲ定メ」て漁業組合を組織させ、漁場区域と操業規則を組合ごとに定めさせようとしたが、「区画」は地域によりばらばらであった。そこで、明治体制が整う頃、漁業法が制定された（一九〇一年、旧漁業法）。漁業権の管理主体を「部落」と定め、その区画も原則として「部落ノ区域」によるものと統一したのであった。つまり伝来のコモンズ利用慣行が集落ごとの地先漁業権として公認されたのである。この法律では、しかし、漁業組合は漁業権の管理主体に押しとどめられたため、民間からの強い要望を受けて法改正がなされた（一九一〇年、明治漁業法）。この法改正によって漁業組合は共同販売などの経済活動ができるようになり、組合の区画範囲も緩和されていった。

問題の長篠鮎業組合が、これら漁業法に基づいて正式に認可された記録は残っていない。とはいえ、長篠鮎業組合がアユの保護・繁殖だけでなく、組合員が採捕してきたアユを毎日、豊橋、大海、遅れて新城にできた一定の場所に集めて仲買人に共同販売することを目的としたのは確かであった。比較のために記しておくと、豊川より遅れて旧漁業法公布の翌年に設立された矢作川漁業保護組合も漁業権は認められてはいなかった。渥美半島と同じく酸性土壌で痩せた台地で水利の便が悪かった碧海《へっかい》台地を一大農業地帯とするべく明治一〇年代には明治用水が開削されていたが、取水堰堤下流は水涸れ状態となり、そのため明治用水堰堤下での稚アユのすくい上げと魚道の設置という明確な目的をもつ組合の色彩が強かったせいであったろうか。

　ともかく、長篠鮎業組合がアユの保護繁殖だけでなく共同販売という経済活動をも目的とする組合だったにせよ、組合の漁場区画は明確な記録としては残されていない。長篠村大字長篠・横川、東郷村大字大海《おおみ》・有海《あるみ》・出沢《すざわ》ではなかったかと考えられるだけである。後年、明治漁業法に基づき愛知県漁業組合令により寒狭川漁業組合として設立認可された当初（一九二五（大正一四）年）の組合地区がこれら五地区だったからである。そののち、組合地区は順次、寒狭川全域に広げられてゆく。そしてまもなく、全国でも最初の琵琶湖産稚アユの放流が本格的に開始され始める（一九二六〜二七年頃）。寒狭川漁業組合設立と同じ年に豊川上《とよがわかみ》と下豊川《しもとよがわ》の両漁業組合も設立認可され、やや遅れ、三輪川にも大滝《おおたき》と三輪川下《みわがわしも》の両組合が設立認可される。いずれも琵琶湖産稚アユ放流の受け皿としてであったのだろう。戦後から今日に及ぶまで、戦時統制から解放されるとともに制定された新漁業法と水産業協同組合法によりアユなどの保護・繁殖を条件に、流域全体で七つもの内水面漁業協同組合が分立することになってゆくのである。

　ところで、豊川のアユ漁はほとんど自家消費用に行われるものであり、現在も商品として販売するアユは極めて限られている。商品販売する場合も、網獲りしたアユは鮮度が落ちるから、腹を抜き遠火で炙《あぶ》って乾燥させたものを売るしかない。量は多いが、鮮魚より単価が低い。

　一方、友釣りアユは釣り人が「生かし箱」で集荷場まで運ぶから新鮮であり、腹を抜かずに大都市向けに売る。当然単価は高くなる。もちろん春ともなれば、豊川河口からは天然アユが数知れず帯状の群れをなして遡上してきた。前節でふれた川狩りから筏組み・筏流送を取り仕切ってきた庄屋の一人——長篠の長谷川俊平氏（故人）によれば、大正〜昭和初期に友釣りで一日に四〇〜五〇尾を獲ったという。寒狭川筋のアユは東京市場で高値がつき、日傭《ひよう》で日当五円の頃、一漁期、二千〜三千円にもなることがあったらしい。夏場のアユ釣りだけで一年分の生活ができる勘定だった。運材・筏流送の人たちが夏場にアユの友釣りを生業《なりわい》に組み入れていたことがよく理解できるだろう。数こそ少ないが専業の漁師（職漁《しきりょう》）もいたようだ。旅館等の求めに応じてアマゴやアユを卸すだけで十分生計が成り立ったという。田口の伊藤英二氏はその代表格だった。納期日時と大きさなど、注文どおりに届けることは至難であったろう。

なおアマゴはすでに一九〇七年で、南北設楽（ただし、矢作川・天竜川の水系を含む）合わせて五六〇kgほどの漁獲量だったと記録されている（『愛知県統計書』一九〇八年版）。寒狭川では天然アマゴが数多く棲息していたわけである。イワナも澄川・本谷川・呼間《よんま》川、当貝津川筋の栃洞《とちぼら》川や鰻《うなぎ》沢など山間奥地に生息していたという。

養殖技術の展開でイワナ・カワマスとともにアマゴが放流され始めたのは大正末年からとされる。また愛知県水産試験場で養殖技術が完成し、アマゴやイワナの発眼卵を寒狭川上流に埋設放流するようになったのはごく最近のことという。こうして近代化の進むなか漁撈も流域のコモンズ利用と公認され漁場も拡大された。しかしそれが「漁業権」という形でコモンズ利用の権利（規範）となってしまいかねない側面をも含んでいたことは留意しておくべきであろう。

●――4　豊川流域の水田稲作と灌漑用水

第2章1節のはじめのところで、豊川と渥美湾はそれぞれ固有の生態系をもつ地域・流域コモンズであり、自然のもつ多様な生態系サービスを持続的に利用するためには各々の規範があったはずだと述べておいた。しかし、そうした規範は地域ごとに閉じられたものであったかもしれない。とはいえ、下流の平野部と上流の山間部とでは地域と規範とのありようがそれぞれ異なっていたのは当然のことであろう。ここでは豊川流域における灌漑用水の開削・運用について対照的な事例を二つあげておこう。

豊川流域で本格的に水田稲作が行われるようになったのは、近世統一国家が生まれ、石高制と村請制が敷かれて以降のことであろう。もちろん、水利の便不便によって上流山間部と下流の平野部とでは事情は異っただろう。筆者は九〇年代、寒狭川や宇連川筋の山間集落について、集落員たちが自力で灌漑用水を開発した事例を調査してきた。とりわけ大きな渓流筋の上段に位置する山麓地では、水田開拓と灌漑水利の確保は苦労の連続であったことを聞かされてきた。

それらのうちここでは、寒狭川の支流・当貝津川上流左岸、出来山《できやま》（一〇五二m）の南麓に位置する桑平新田《くわだいら》（設楽町豊邦地内）の開発史を点描しておこう（図Ⅰ－15参照）。

桑平新田は、はじめ田峯《だみね》・折立《おりたち》・筒井・栗嶋《くりじま》四か村の「山地」であったところへ、万治年間（一六六〇年頃）、笠井嶋《かさいじま》から密かに入植して「切り畑」にしたのが始まりだったらしい。はじめは見とがめられたが、江戸時代の石高制のもとでは新田を増やすことは領主層の利にかなうこと

図Ⅰ-15　桑平新田への水源と水路

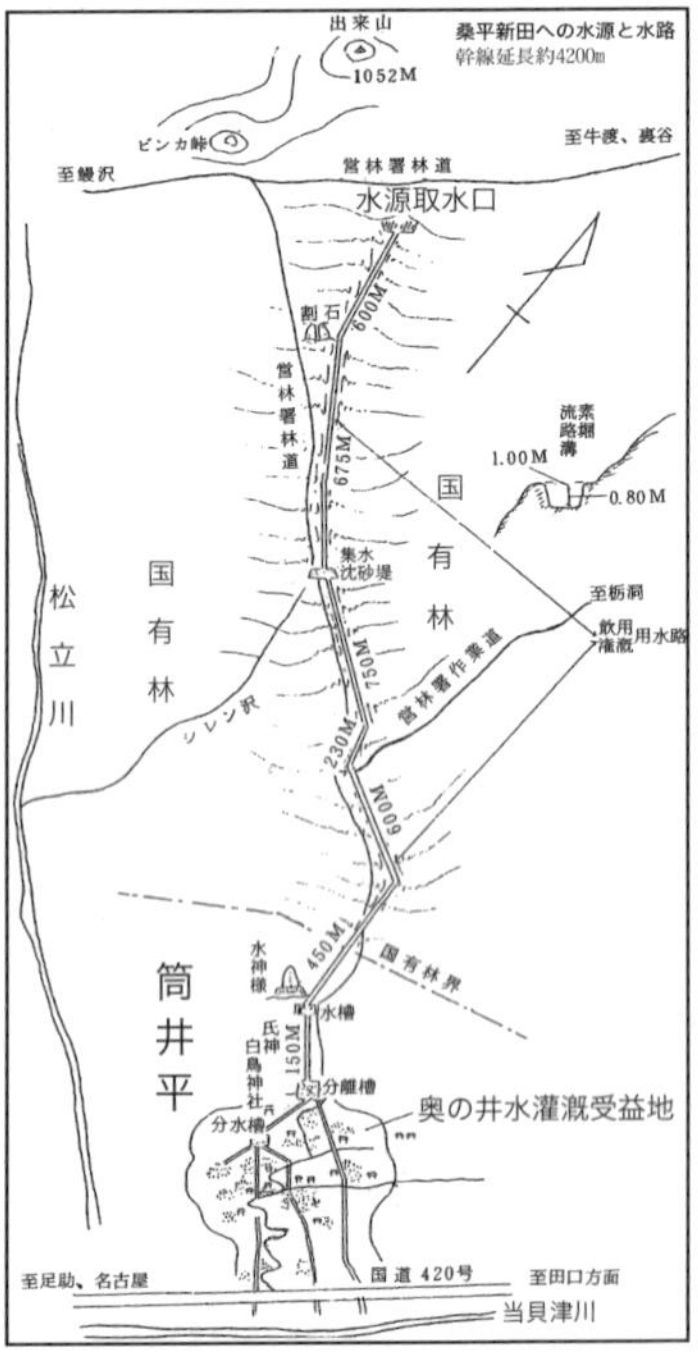

から、検地を受けて独立を認められた（一六六九（寛文九）年）。村高は六二石余、内訳は中田一反余・下田一反余、中畑五反余・下畑五町八反余と、大半は畑、それも下畑が占め、戸口はわずか二〇戸であったという。入植した住民にとってはどんなつましい生活にしろ、これを支える最低限の畑や水田は必要不可欠な生業《なりわい》である。まずは山林原野を伐り開き、一鍬一鍬開墾し、雑穀、芋、大根などをつくる。いくら畑が南に面した暖かく地味肥沃なところであれ、水に恵まれない限り水田には転換できない。最寄りの川（豊邦川、現在の当貝津川）があっても集落が高地にある以上、近くの沢水だけではどれほどの灌漑用水も期待できないからであった。

明治維新後、笠井嶋と合して豊邦村となり、一八九一年の町村制により段嶺《だみね》村に属した。明治体制が確立する一八九七年頃、長年の懸案だったシレン沢に水源を求める「奥の井水《いみず》」の開削が開始された。だが、延々二千mに及ぶ水路開削は原生林・雑木林、原野とつづく、尾根あり洞ありの起伏の激しい山岳地形のため、逐一に水路勾配の測定、路線測量を必要とする。やむなく曲尺《かねじゃく》と木製丁字形トンボだけで地形や勾配測量をした。ところが、いざ掘削に着手してみると測量地図もない。短距離区間ごとトンボ測量をくり返しながら、一鍬一鍬掘り込んで井溝《いみぞ》をつくるしかない。原生林や雑木の伐根など障害があり、言葉にできないほどの苦難の連続であったという。それでも努力が実り、一応、シレン沢からの水路は曲がりなりにも完成した。

だが、じっさいに通水してみると、素掘水路は漏水や水路の崩落などで末端まで水が届かない。何度も床固めや補修をしても水源水量の何分の一ほどしか末端に届かず、そのため畑の水田化作業も受水可能な範囲にとどまらざるをえなかった。しかもなお水が届かないことがあり、常に水路巡視をしなければならなかった。結局は、シレン沢だけでは水量不足が明らかとなり、さらに奥地に進んで皇室所有の御料林内にある「宮の前」の沢水を既設水路に接続させて増量する計画を立て、帝室林野局に陳情して水路敷を借用。なんとか「宮の前」から筒井平まで、じつに六八〇〇mもの水路工事を完成させたのであった。

このような艱難辛苦の果てに、かつて木地師たちの居住した一八の屋敷跡地がすべて水田化されるとともに、水路は生活用水としても利用されることになったという。この「奥の井水」の恩恵と先人たちの偉業を伝え、末永く豊かな水に恵まれつづけるようにと、筒井平の松の根方に水神碑を建立し、「奥の井」守護神として祭ってきた、と伝えられている。


他方で、豊川下流域の平坦部には豊川本川から直接取水し灌漑用水路を開削してきた事例が、少なくとも二つある。松原用水と牟呂用水とである。牟呂用水は明治時代、一八八七年頃、これまで灌漑水利に恵まれず干害に悩まされてきた左岸沿いの旧八名郡《やなぐん》賀茂・金沢・八名の三か村が八名村大字一鍬田に堰堤を築き村中総出で工事を行い、約八㎞の賀茂用水を完成させたのが始まりであったという。同じ頃、渥美湾臨海部の牟呂・磯部・大崎など豊橋市内の村々の地先が干拓され、この灌漑用水として用水路を賀茂村から牟呂村まで延長して共同利用することが許されたが、連年の大災害を受けて計画は頓挫。結局は尾張の神野《かみの》金之助に売却され復旧完成された灌漑用水であった。

一方、松原用水は豊川下流右岸の旧氾濫原（下郷《したごう》と呼ぶ）で古く中世期に開削され、度重なる取水口の変遷を経て、明治初年、ほぼ下郷全域（二四か村）に及ぶ用水路が完成したものである。

松原用水は大村井水《いみず》とも称され、豊川下流右岸の大村郷(11)四か村を中心に長瀬・大蚊里《おがさと》・下地《しもじ》・下五井《しもごい》・瓜郷《うりごう》からなる豊田庄で一五三〇〜六〇年代（天文〜永禄年間）、広大な平地に水田を開拓し、灌漑面積が増大したため従来の大村井水では用水不足をきたして、その取水堰を橋尾（旧一宮町内）の豊川に求めて築造された（橋尾井堰）。一五六七（永禄一〇）年のことである。それより早く天文初年から着工されてきた水田開拓事業は、大村の旧家福田家の元祖・七郎兵衛が完成させたのだという。あたかも徳川家康の三河統一が達成され、吉田城主となった酒井忠次と同時期に福田七郎兵衛も下河原の地に入居したともいう。大村の霞堤（洪水による破堤を防ぎ集落を守るための不連続堤・遊水地）が「酒井堤《さかいづつみ》」と呼ばれたことに象徴されるように、少なくとも豊川下流の水害抑止と大村田面《どおも》への水利、つまり橋尾井堰の完成とがセットでなされたとみてよいだろう。

いまふれたとおり、松原用水の由来は古く、おそらく行明郷《ぎょうめいごう》の瀬木村《せぎむら》より二㎞ほど北の河岸段丘下の谷川《やがわ》（旧一宮町西部地区を流れる帯川《おびがわ》が合流する）に取水口が設けられ、井祭明神《いまつりみょうじん》に源を発する井川《いがわ》の水や段丘崖からの湧出水をも合せた（いずれも豊川右岸に位置し、豊川市内）と考えられる。だからこそ、豊川から直接取水することとなった後も「大村井水」という同じ名称が続けられてきたのだった。

その後、一六九一（元禄四）年の大洪水により橋尾井堰が大破、結局翌年、八名郡草ケ部《くさかべ》村（古くは井之嶋村日下部、旧一宮町豊津）に移転・完成させた（草ケ部あるいは日下部井堰）。さらに、江戸期を通じてたびたび井幅の拡張をめぐって井上《いのかみ》の村々と井下《いのしも》の村々との間で水争い（水論）があった。しかし、灌漑面積も八三七町歩に拡がり、豊川の流れが変化したこともあって、上流の豊川右支流で、古くは旧一宮町内を流れ楠坂《くすのきざか》を下り松原村と日下部村との間あたりで豊川に合流していた宝川《たからがわ》の廃渠を利用して井川につなぎ、松原村に築造し通水させたのが松原用水なのである。一八六九（明治二）年のことであった。その後も改修工事は続けられ、一八七五年、豊川の改修に伴い、愛知県費をもって井堰の大改修が行われて完成したのである。

それにしても、幹線延長一二㎞に及ぶ松原用水路は一一か所に井枕《いまくら》を置く配水路があり、ここから各村に分水され、さらに村の区域ごとの小溝に配分され、水路幅や田に引き込む土管の太さまで決められていた。用水が乏しくなると、井下の村々から「井上《いのぼ》り」——つまり、水路の土手伝いに水源近くまで障害物を除き、あるいは夜陰に紛れて水路を堰止めようと付近に隠してある材木などを切り流すため、鋸を持参するなど水路を集落ごとに交替で厳重に警戒する仕組みがあり、また村人により徹夜の井枕番まで行われた。江戸期の度重なる厳しい〝水論〟があってのことだ。「奥の井水」が桑平一村を潤したのと異なり、大村井水は渇水時や洪水時などに利害が相反する多くの村々を結ぶ用水であったからである。それだけ大村井水が沿線の村々の〝命の水〟（コモンズ）となり、それを守るには流域を通じた厳しい規範が必要であった証しでもあろう。

II　豊川の厳しい現状

第I部では、豊川の流れが固有な河相と生態系を育み、それら「生態系サービス」が流域住民たちの生活に豊かな恵みをもたらしてきたコモンズであることを紹介しておいた。

他方で、人知を超えた渇水や洪水の出現によって流域住民の生命・財産に甚大な被害がもたらされたことも否定できない。重要なことは、渇水や洪水の被害がくり返されるなかで先人たちが被害を少しでも減らす努力と工夫を積み上げて自然との共生を模索してきた生活知を、現代にどのように生かしてゆくのか、ではないか。東日本太平洋岸の数百㎞に及んだ大震災・大津波と福島原子力発電所事故という未曾有の天災・人災を受けて、いま、どんな荒ぶる自然も科学技術の発展で安全に制御できるとか、さらには自然界に存在を許されない核物質までも自由に操れるとの奢《おご》りと過信が、今回の災害を招くことになったことは明らかだからである。であればこそ、復旧・復興にはふるさととの絆直しや「自然エネルギー」利用の必要性が説かれているのであろう。

問題を豊川に絞ろう。とくに戦後の高度経済成長開始とともに大規模開発は始まった。洪水はすべてダムや高連続堤防、放水路によって河道に閉じ込め、一刻も早く海に放出する（こういう考え方を「河道主義」と呼べよう）。同時に、どんな渇水にも備えるとして上流にダム・頭首工を建設し、開水路だけでなくトンネル・サイホンなどの長大な水路を開通させ、自然流域から遠く離れた地域に潤沢な水（「遠い水」）を供給して旺盛な水消費を図る。このような大規模開発こそが多くの人びとに豊かな生活をもたらす鍵なのだといって、国・地方行政が「河川管理」の名のもと地域・流域コモンズを取り上げてゆく。従来のコモンズ利用の規範など打ち捨てて顧みることもない。たとえば、相次ぐ大型ダムの建設のため故郷を追われ、地域（流域）に固有のコモンズやコモンズ利用の規範をも失うこと（その結果、山間地住民の回復不能な痛みばかりか、下流や海岸沿いの住民にも及ぶこととなる重大な負の影響をもたらすこと）に気付くこともないままに、である。

第Ⅱ部では、近代科学技術が生み出した国による河川管理の実態を、一級河川に指定された豊川の洪水と渇水の対策（治水・利水対策）を中心に問題史的にまとめておく。

第3章　霞堤から放水路、ダム工事へ

◉——1　水系を一貫する治水事業とは

これまで豊川流域に洪水氾濫がなかったわけではない。すでにみたように、豊川は石田地点付近から下流にかけては沖積地（下郷）が広がり、昔、この一帯は氾濫原だったからである。下郷には豊川の堆積作用でできた自然堤防や低位段丘に集落が立地してきた。これら各集落では、現在見られるような高連続堤防が整備されていない時代には、左右岸とも集落を洪水氾濫から守るため小さな不連続堤・遊水地（霞堤）が断続していた（図Ⅱ－1）。第2章4節で一五〇〇年代、

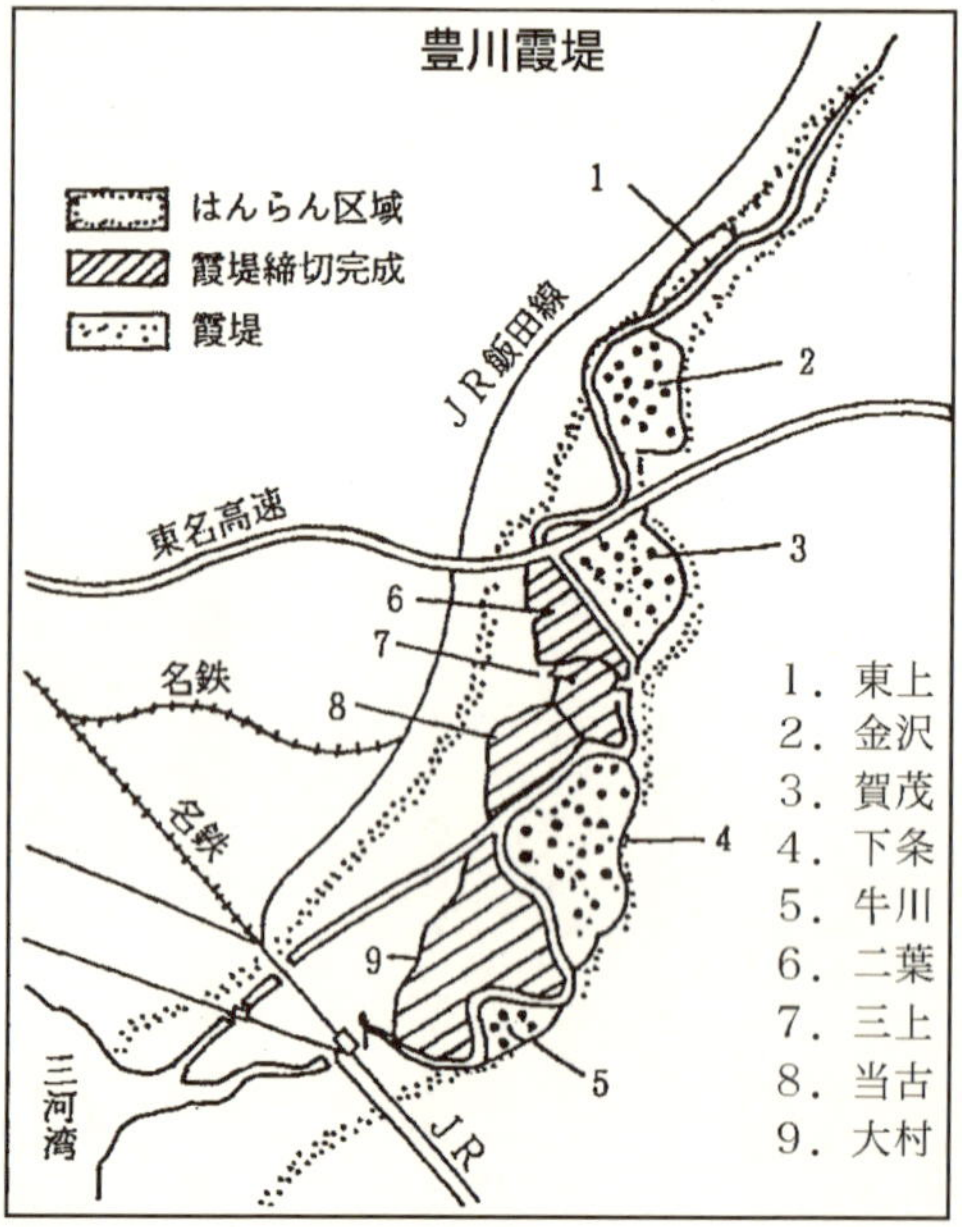

図Ⅱ－1　豊川下流の不連続堤・遊水地の分布
出典：土木学会中部支部編(1988)『国造りの歴史』名古屋大学出版会

宝飯郡豊田庄大村が中心になって広大な平地を水田に開拓し、灌漑面積の増大に合せて本格的に豊川から取水し、豊川右岸二四か村に灌漑できるようにしたこと（後の松原用水）、同時に、この大村を豊川の洪水から守るために霞堤が築造されたこと、を述べておいた。大村霞の築造整備時期について定説はないが、本格的には池田輝政が豊臣秀吉により吉田城主に任ぜられ東三河に一五万二千石の所領を与えられていた時代（一五九〇～一六〇〇年）に始まり、江戸時代、吉田藩主だった小笠原氏四代（一六四五～九七年）まで続いたとされている。だが、大村霞が酒井堤と呼ばれてきたことからすると、徳川家康が吉田城を陥落して城主となった酒井忠次時代（一五六五～一五八九年）にまで遡ることができるであろう。それは狭窄部にあたる吉田城下を守るためでもあった。

いずれにしろ、とくに豊川下流域では大洪水が繰り返し起こってきたのはたしかである。一三〇〇年代までの記録は残らないが、一四四八(文安五)年および一四九七、九八(明応六、七)年の大洪水と地震により流路が東遷して以来、とりわけ江戸時代以来の破堤などによる耕地・収穫への被害、家屋の倒壊・流失などが数多く記録されている。[12] これら豊川の大洪水による被害に共通していえるのは、石田下流右岸の低地にあたる中村・定池《さだいけ》（後の豊島。新城市内）で堤防決壊や家屋浸水がくり返され、またそれより下流右岸の水衝部(洪水流が衝突する岸辺)にあたる松原・豊津、橋尾、楠木・楽之筒《がくんとう》(後の二葉)などの堤防決壊と浸水被害が連動したり、左岸の江島・金沢、賀茂、下条などの堤防決壊と浸水被害が多かったことである。だからこそ、集落形成と同時に囲い堤や水除け堤が築造され修復・改修を続けてきた。とくに二葉・三上・当古《とうご》・大村霞など右岸霞のほとんどでは、「差し口」から浸水した洪水は豊川の旧氾濫原を抜けて直接、海まで流れ去っていたのだが、これら旧氾濫原に中世から水田が開かれてきたことは、すでに紹介しておいた。下流の城下を守る目的があったとはいえ、もとは営々と積み重ねてきた生活と資産を守るため、豊川下流の右岸一帯が水害防御の主な対象となってきたといえるであろう。つまり、地域ごとに形態を異にする霞堤(囲い堤や控え堤、さらには乗越堤《のりこえづつみ》)を築造・改修することで、洪水の防御と被害を最小限に抑える治水と水防の一体的活動に政治権力が取り組んできたのであった。

明治以降になると、旧河川法が一八九六年に制定され、その中で治水が河川管理の目的とされた。豊川の場合は、愛知県が管理に携わることになった。しかし法制定後も、とりわけ豊川下流右岸一帯はくり返し洪水被害を受けつづけ、戦後になってようやく、国(内務省)が放水路を基軸にすえた豊川河川改修計画を確定するにいたる。豊川では最下流域、とりわけ吉田城址から河口までが狭窄部となっていて被害の甚大化が予測された。これを最大限に考慮して、行明《ぎょうめい》地点で大きく東に曲流する豊川の洪水流を分岐させ、ほぼ直線的に渥美湾まで流し去る豊川放水路の建設計画を内務省・建設省が立て、戦後に工事を急ぎ、事業をひき継いだ建設省が一九六五年には完成にこぎつけたのである。そして、放水路完成と併せて豊川右岸四霞(大村、当古、三上、二葉）は締め切られていった。

同じ頃、河川法の抜本改正が進行しており、豊川放水路完成の前年には新河川法が制定された。新河川法では全国で一〇九の主要水系が指定され、建設省がこれらの水系を一貫して管理することとなり、河川ごとに工事実施基本計画を立て、これに基づいて一級河川・豊川でも豊川工事実施基本計画が策定されたのである（一九六六年）。

ところで、豊川工事実施基本計画には注目しておかなければならないことがある。新河川法が河川管理の目的として、治水だけではなく利水、つまり新規水資源開発をも追加したことである。時代はちょうど高度経済成長の真っ只中であった。すでに東三河地方でも六〇年代に入ると、豊橋商工会議所を中心に東三河財界が渥美湾臨海部に重化学工業コンビナートを誘致するため、四〇〇〇haにも及ぶ浅場・干潟の埋め立て用地造成を行う開発計画を発表していた。[13]

コンビナート誘致の前提として、石油火力発電所を湾岸に建設し、工業用水を中心に都市用水を供給するため豊川上流・寒狭川に大規模ダムを建設することが不可欠だとしていたのであった。この計画中には具体的に二つのダム案が掲げられていた。豊川ダム（総貯水容量九三三〇万m³。旧鳳来町布里に建設予定）と設楽ダム（総貯水容量四七〇〇万m³。設楽町に建設予定）とされていた。そして、この新たな利水（水資源開発）計画は一時、愛知県第三次地方計画にまで盛り込まれたのである（一九七二年）。

このように一九六六年策定の豊川工事実施基本計画には、流域一貫の視点から〈豊川の治水計画と湾岸工業開発に必要とされた利水計画〉とが一緒に盛り込まれていたのであった。

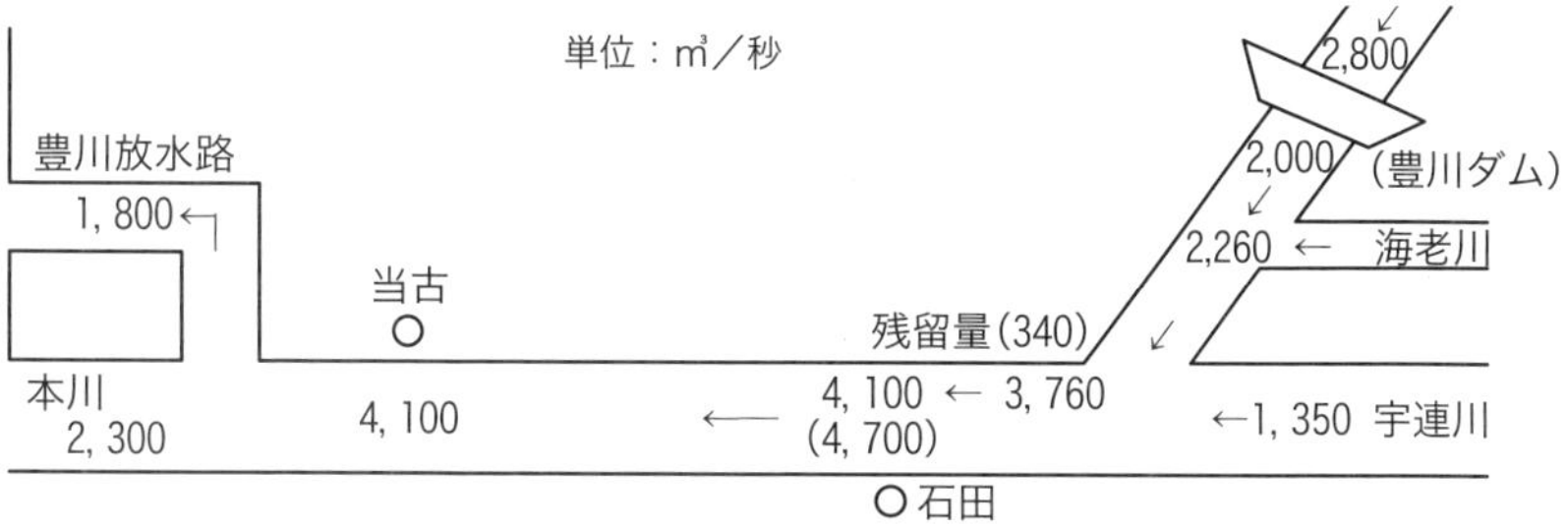

図Ⅱ-2　豊川の洪水(ピーク)流量配分（1966年）

出典：豊川水系工事実施基本計画（1966）等より作成

注：図Ⅱ-2・3ともに、数字は計画高水流量（河道に流下させうる計画流量)。(）内は基本高水流量を示す。

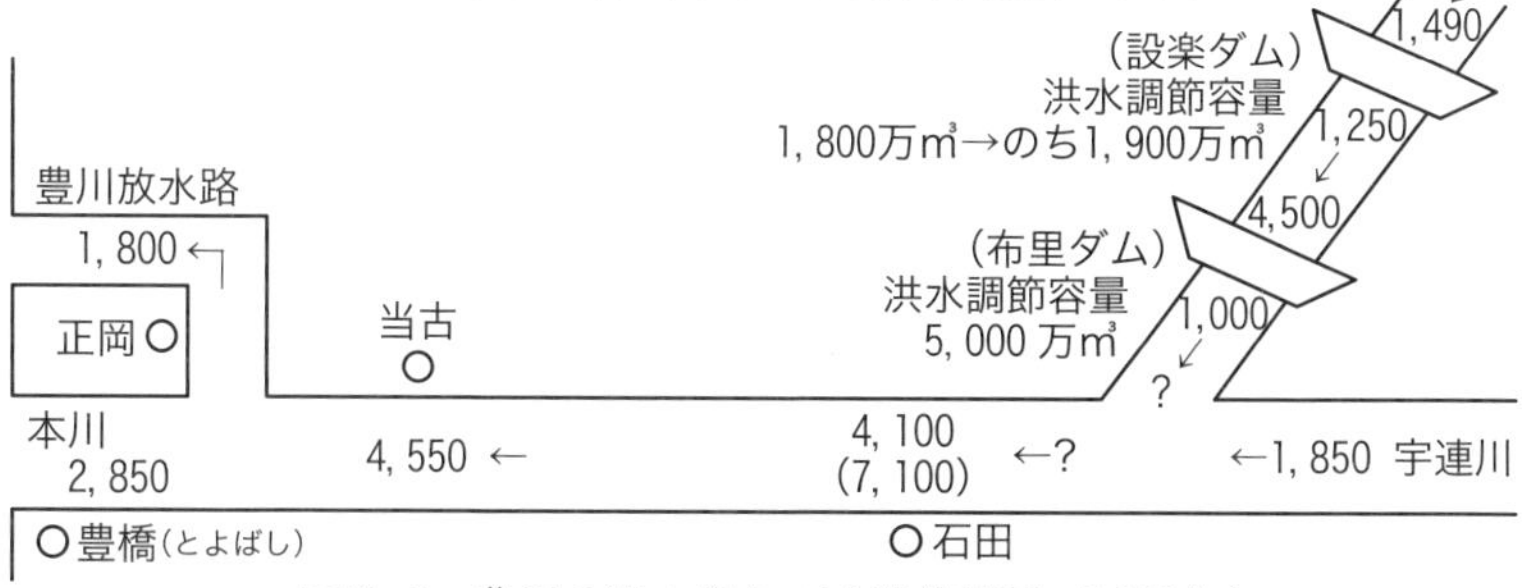

図Ⅱ-3　豊川の洪水(ピーク)配分流量（1971年）

出典：豊川水系工事実施基本計画（1971）および豊川水系河川整備基本方針（1999）等より作成

だが、この工事実施基本計画の策定直後、二年続いて大洪水が発生、とくに一九六九年の洪水では右岸の豊島だけでなく、左岸の江島（旧一宮町内）の堤防二か所が一〇〇mにわたって決壊し、災害救助法が適用される事態となった。石田基準点での洪水ピーク流量は最初の工事実施基本計画の基本高水流量（確率論的に計算予測される最大洪水ピーク流量）スレスレとなった。これを受けて建設省は急きょ、工事実施基本計画を改訂することになった。予測される洪水ピーク流量（基本高水流量）を大河川並みの一五〇年に一度起こりうる確率に引き上げ、そのうち石田下流の河道内で流下させうる流量を計画高水流量として下流の河川改修を進める、と変更したのであった（一九七一年）。

念のため、当初の工事実施基本計画と改訂工事実施基本計画（のち豊川水系河川整備基本方針）とにおける洪水ピーク配分流量を図示しておこう（図Ⅱ－2、図Ⅱ－3）。これら二図のうち、図Ⅱ－3では石田上流の流量配分の不明な箇所が多い（「?」印部分）。ひたすら基準点・石田での基本高水流量と計画高水流量との差流量分を上流ダム（群）に貯留して洪水調節させることだけに焦点をあわせているからである。それにしても両図を比べれば、寒狭川のダム（群）による洪水調節流量が当初計画から五倍も増やされていることがわかるだろう。じっさい七〇年代半ばまでにダムの総貯水容量が三億三千万㎥という巨大規模の布里ダム建設、やや遅れて八千万㎥の設楽ダム建設が愛知県を通じて地元自治体に申し込まれることとなったのである。

しかし、改訂された豊川の治水計画の場合も、次のような問題点が指摘されてきた。基本高水流量を算出する計算式に不確実要因が大きく、また過去の洪水実態からかけ離れていたことである。しかも、布里ダムも設楽ダムも洪水調節（治水）専用ダムなどではなく、特定多目的ダム法により、治水と発電、水道用水、工業用水という「特定利水用途」とを兼ねて開発される、実際はもっぱら下流都市用水確保のためのダムとして、ダム事業者である建設省が工事実施基本計画を策定するものなのであった。

そもそも、八〇年代までに建設済み、または計画中のものを含めて二千六百ほどのダムが狭い列島中にひしめき、全国でダムのない川はほぼなくなる状態に陥ってしまう[14]。それらダムのなかでも、建設省が所管する特定多目的ダムが、とくに六〇年代に本格化する高度経済成長期以降、数のうえでも規模（貯水容量）の面でも圧倒してきたし、それらの増加率もめざましかった。なかでも、豊川に計画されようとした二つのダムはいずれも、集水面積からみて（設楽ダムでは六二㎢、布里ダムでは二五七㎢）桁違いに大規模な特定多目的ダム計画であった。

ところが、ダム建設により四〇〇戸が水没するという絶大な犠牲をともなう布里ダム計画は旧鳳来町と地元住民たちの強い反対で中止に追い込まれる。いっぽうで、愛知県も第四次地方計画（一九七六年）、さらに第五次地方計画（一九八二年）では東三河下流地域の新たに必要な開発水量と、同じく新たに供給できる水量を半減、そしてさらに半減（年間四億六千万m³強から二億三千万m³弱、そして一億五千万m³弱へ）させてしまう。想定された臨海部工業開発が二度の〝石油ショック〟を機に行きづまったためコンビナート企業の誘致が絶望視されたからであった。

◉——2 自然流域を超えた水利用

ところで豊川の利水計画については、戦後の食料難を打開するためとして、戦前から提案されていた灌漑用水構想をベースに、豊川用水事業が五〇年代から農林省の主導で進められてきた。それが前に述べた東三河開発計画向けの都市用水をも取り込んだ総合用水（利水）事業として拡大変更され、これが愛知用水公団（のちに水資源開発公団に再編）に継承され、一九六八年に全面通水されていた。だが、この豊川用水の水源ダムと基幹取水堰（大野頭首工）とはいずれも豊川の最大支流である宇連川流域に建設されたのだった。

その結果、新河川法でも宇連川の管理は法律の特例として水資源開発公団、のち独立行政法人・水資源機構が握ることになったのである。こういう流れから、なおも〝水不足〟を恐れた農林水産省は、豊川用水完成後まもなく第二豊川用水事業（豊川総合用水事業）計画を打ち出し、

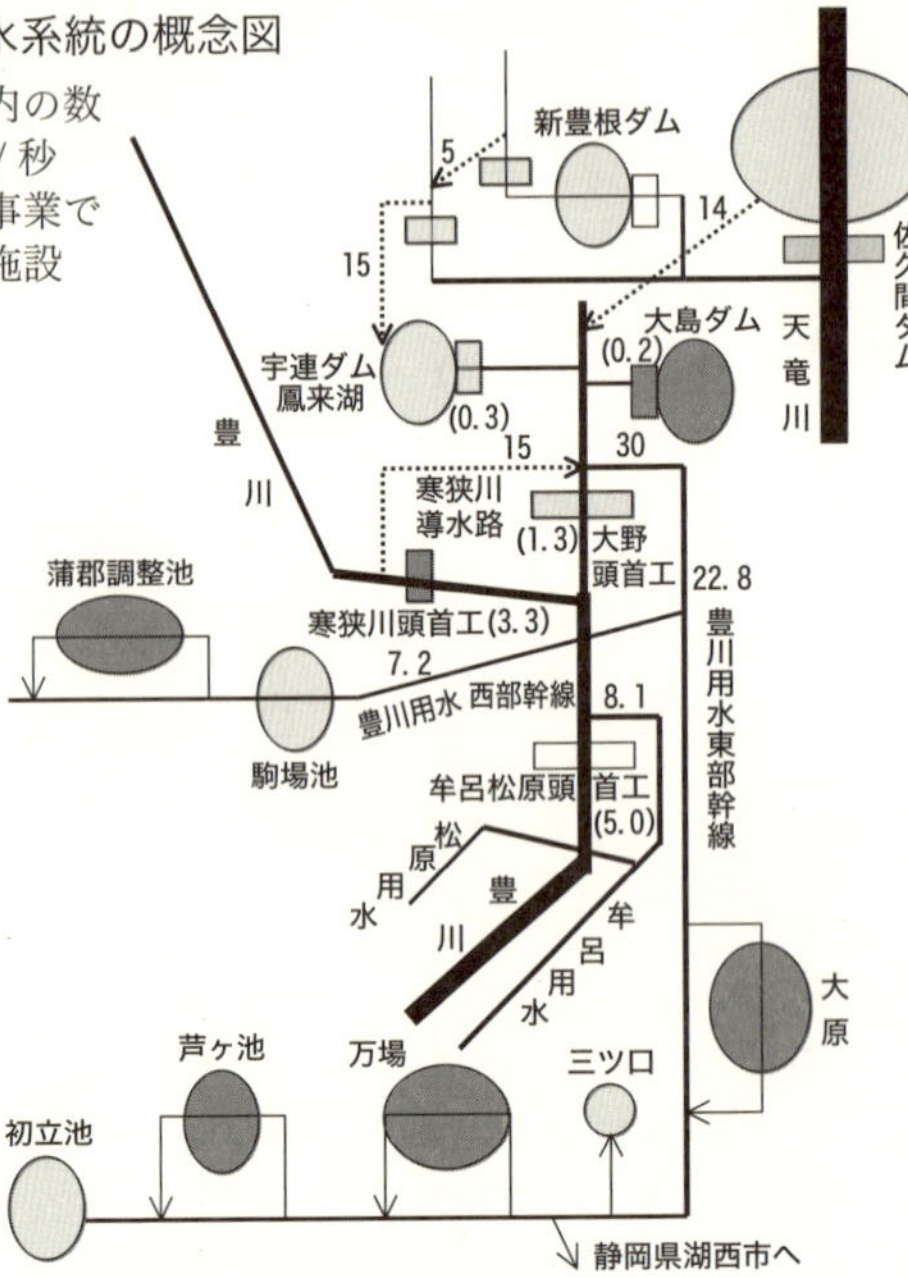

図Ⅱ-4　豊川用水・豊川総合用水系統の概念図

注1　数値は最大取(配)水量。(　)内の数値は取水制限流量。単位は㎥/秒

注2　濃い色の施設は豊川総合用水事業で築造、薄い色は豊川用水の既施設

愛知県と歩調を合わせて事業を進めてゆく。じつは、この豊川総合用水事業計画のなかには基幹水源施設として設楽ダムも、建設省所管の特定多目的ダムと断りながら、組み込まれていたのである。豊川用水・豊川総合用水の系統は図Ⅱ－４の概念図を見てほしい。

当然のことだが、豊川の治水計画上は布里ダムの代替ができない設楽ダムであっても、利水上、新たな水資源開発施設としての効果が大きいと考えてきた建設省も愛知県も、この豊川総合用水事業の進捗に並行して設楽ダム建設に固執しつづけることになる。

それだけではない。八〇年代後半になると豊川用水の水源諸施設が宇連川に集中し、それらは利水専用施設だったから洪水調節（治水）機能は完全に欠落して、沿川とくに湯谷温泉街などはしばしば洪水被害に見舞われた。おまけに肝心かなめの取水堰である大野頭首工では宇連川の自流（自然の流れ）まで全量取水してしまったため、大野頭首工から黄柳川《つげがわ》が合流するまでの四㎞ほどは〝水涸れ〟になってしまった。豊川用水に一体化された下流の牟呂松原頭首工下流も流れが明らかに少なくなっていた（表Ⅰ－５参照）。

これらの事態を受けて、建設省は「豊川をいじめ過ぎた」（設楽ダム調査事務所の某所長談）とくり返し、豊川に正常な「川らしい」流れを回復することが必要だと強調するように

表Ⅱ-1　設楽ダム計画（案）の貯水容量規模　単位：万㎥

	総貯水容量	内　訳			
		洪水調節容量	新規利水容量	不特定容量	堆砂容量
東三河工業開発マスタープラン(1962)	4,700	—	—	—	—
建設省の設楽ダム当初計画(1974)	8,000	1,800	4,570	1,330	300
同第1次変更計画(1998)	10,000	1,900	2,000	5,700	400
同第2次変更計画(2006)*	9,800	1,900	1,300	6,000	600

注　＊は特定多目的ダム法にもとづき、2008年の設楽ダム基本計画でそのまま確定された。

なった。ところが、そのためには、寒狭川の最上流に計画進行中の設楽ダム建設が不可欠だと主張する。また、設楽ダムは間接的に宇連川の洪水対策にもなる、と。なぜならば、洪水の場合、宇連ダムや新規に建設中の大島ダムの予備放流水位をあらかじめ下げておけばよいのだが、それでは豊川用水向けの水が不足する恐れがある。しかし、豊川総合用水事業で寒狭川下流部に建設中の寒狭川頭首工から導水トンネルを通して大野頭首工上流に水を流すことができる。つまり流域を変更できれば、宇連川の二つのダムの不足分も補充できるはずだ、と計算したのであろう（図Ⅱ－4および四頁の豊川流域概略図を参照）。

豊川流況総合改善事業となったこれらの措置を追認するかのように新河川法が改正され（一九九七年、改正河川法という）、河川管理の目的として、治水・利水に「河川環境の整備と保全」が追加された。流域の河川環境をよくするために、各水源施設下流に渇水時、より多くの水を流す。そのためには、水源各施設に貯留したり取水したり導水したりする水量を制限する制限流量を設定する。だが、それだけでは足りない。いちばん頼りになるのは、洪水時に寒狭川最上流部に計画し調査を進めてきた設楽ダム貯水容量に、下流の「正常な流水を維持する」ための水量を貯留しておく容量分[15]を最大規模でセットしておくことだ、ということとなる。それとは逆に、新規の利水容量はほんとうに必要なのかどうか分からぬほどの規模に切り縮められる。その結果、なんとも奇怪な形の設楽ダムとなるわけである。

このようにして、豊川最後となるだろう設楽ダム計画の総貯水容量は、表Ⅱ－1のとおり、当初計画（案）からは倍々ゲームのように現在の巨大規模に至っているのである。この間、三十年余にもおよぶ長い歳月をかけて、計画当初から「設楽ダム絶対反対」を掲げてきた地元の設楽町および町議会、そして水没予定関係者に〝アメとムチ〟の計略をつづけた末に、じつに二〇〇九年二月、設楽ダム建設同意を取りつけてしまう。アメリカ発の〝リーマン・ショック〟が日本の輸出産業を直撃し、非正規労働者が大量に仕事を失いホームレス化してゆく最中のことであった。

そもそも、㈠二〇〇〇年前後から〝脱ダム〟の動きが国内各地で強まってきたなかで、㈡豊川総合用水が完成し、いざ通水が始まってみると、豊川流域圏内の水使用量実績（年間、三億㎥未満）が開発水量（年間、約三億八千万㎥）を大幅に下回り、年間で一億㎥ほどもの〝水余り〟状態を続けているなかでのことだったのである。

第4章　豊川と渥美湾の現状の厳しさを超えて、いまこそ再生を

●――1　豊川流域と三河湾の環境を悪化させた諸要因

こうして、大規模に進められてきた豊川流域の河川開発は、豊川の河川生態系を攪乱し悪化さ

せ、ひいては三河湾の豊かだった生態系に重大な悪影響をもたらしてきた。それら生態系への悪影響を、いま三つにまとめておこう。

第一に、豊川の魚類相は九〇年代前半までは豊かであったようにみえた(第2章1節を参照)。だが、当時すでに、浅香智也氏は現地調査を踏まえて、豊川の魚種の多様さにもかかわらず、少なくとも豊川水系の魚類相に二つの重大な問題が潜んでいることを指摘していた。つまり、①八〇年代後半から、外来種を含めた移入種が急増してきたことである。浅香氏は豊川水系で九〇種の魚種のうち淡水魚(純淡水魚と通し回遊魚)六五種を確認していたが、そのうち移入種が二一種で、じつに淡水魚種数の三〇%を超えてしまっているとした。移入種のなかには、稚アユの放流とともに琵琶湖から入ってきた魚種、豊川用水の水源のひとつである天竜水系から移入された魚種もあるが、意図的に移入された魚種がかなり多い。とくにゲーム・フィッシング用にゲリラ放流された魚種があると警告していた。天敵がいない川で、たとえばオオクチバス(ブラックバス)は小魚・エビ・昆虫の別なく貪欲に喰《くら》い、大きな魚でも執拗に攻撃し駆逐してしまう。同じ魚食魚である在来種のナマズ・ドンコ、外来魚のカムルチーですら姿を消しつつあるほどであること。②反対に、六〇年代には確認されたカワバタモロコ・アブラボテ・ドンコ・アユカケなどが九〇年代には確認しにくくなり、スナヤツメ・ヤリタナゴ・カワヒガイ・ネコギギ(絶滅危惧種で国の天然記念物に指定されている)など、ほとんど姿を見ることのない稀少種となってしまったこと、などである。(16)

移入種の定着は決して魚類に限られてはいない。貝類を例にとれば、特定外来生物に指定されているカワヒバリガイが佐久間導水路を経由して宇連川で繁殖している。また、豊川の汽水域では貴重種のヒロクチカノコ、タケノコカワニナ、オカミミガイなどが絶滅し、それらに代って外来種が侵入してきている。たとえばマシジミはタイワンシジミに置き換わってしまっている。[17] 藻類では、流下してきた外来種のオオカナダモが当古橋を挟む瀞場いっぱいに水面を覆いつくし、開花までしていたことがある。カワウの群れが豊川を遡るかたちで飛来してアユなどを漁《あさ》るのも日常化している。さらに、寒狭川中流域では放流稚アユが食むべき珪藻類を、異常繁殖したトビケラ幼虫群が食害してしまうなど、在来の河川生態系が攪乱されてきたことの証例なのである。

第二に、六〇年代以降、農畜産業も近代化が進められ、いたる所で大規模な畜舎の建設や田畑の区画整備が行われ、農薬や化学肥料が多投され、それが宇利川、間川《あいだがわ》、神田川《かんだがわ》、朝倉川などを通って豊川中下流の、そして三河湾の水質を悪化させてきた。三河湾では窒素・燐による富栄養化が進み、赤潮や苦潮《にがしお》（海底で発生する貧酸素水塊が浮上し生物に被害をもたらす現象）の発生が通年化してしまっている。また水田では用水路と排水路の分離が進み、圃場と水路との間に段差が設けられ、水路はコンクリート化されて、魚介類の遡上・降下が阻まれ、産卵、摂餌などができない生息環境になってきたことである。

そして第三に、第3章でみたように、豊川の上流域でダム開発と豊川用水路への大量取水が進められ、あわせて洪水時の砂利の流れもダムで堰き止められて、宇連川の宇連・大島ダム、大野頭首工、寒狭川の寒狭川頭首工、豊川中流域の牟呂松原頭首工などの貯水湖（域）に堆積してしまっている。その一方で、中下流域では治水を理由に河道の拡幅・掘削が続けられ、採取された川砂はコンクリート素材として重宝されてきた。大量取水及びダム等への砂利の堆積と川砂の採取により、豊川中下流の流れはダイナミズムを失ってやせ細った。豊川用水・豊川総合用水の取水により今や、石田地点での流量は、年間約一億五〇〇〇万m³、単純平均すると、毎秒四・八m³ほど減ってしまっている。ちなみに、用水取水以前の豊川の平均流量は年間一〇億m³余であった。おまけに出水時などに中下流の川床は砂利が流されて、浮き石ばかりの固い川床となる（アーマー・コート化）。そこへ豊川中下流の支流から流入する過剰な栄養塩類（窒素、燐など）が浮き石と浮き石の間を覆ってゆく。その結果、上流で大量に取水されて流量の少ない緩い流れに富栄養化した礫の隙間は、腐水性の造網型底生動物（ベントス）の巣で埋めつくされてしまう。

このような豊川の河川環境の悪化にもかかわらず、第2章3節でふれたように、流域にそれぞれ漁業権をもつ七つの漁業協同組合は経営の枢軸をアユ・アマゴに絞り、それもひたすら養殖と放流に依存してきた。長年、とりわけ琵琶湖産の稚アユを運び込み放流してきたのだが、これら稚アユが琵琶湖で細菌感染すると保菌アユが持ち込まれ、（あとで再びまとめる）豊川の河川環境の悪化も加わって、バブル最盛期頃から大量斃死がつづくようになる。

しかし、いずれの組合も抜本的な対策、流域全体を視野に入れた河川環境の改善策に流域漁協をあげて取り組むことなどなかった。アユの場合、木曽川あたりの親魚から産卵・孵化させ、中間育成するなどの養殖技術の発展を頼みに、どの組合も人工稚アユを購入して放流することにばかり力を注ぎ続けてきた。そのうえ、第3章でみたように、連続的なダム建設という公共事業が流域全体に及ぼす「負の環境影響」に対して強い懸念は抱きつつ結局、いずれも一時的な漁業補償を受け入れてしまうだけであった。むしろ、養殖技術が進めばアユやアマゴの種苗放流で漁場が維持される、または新規に造成できると錯覚した面もなかったとは言えまい。

◉——2　アユの産卵床づくりと渥美湾の稚アユの動態調査を

すでに表I－4で示しておいたように、淡水魚を生活環によって分類すれば、純淡水魚と周縁性淡水魚のほかに通し回遊魚の三つに区分できる。これら淡水魚のうち日本列島周辺に固有な淡水魚といえば通し回遊魚であり、なかでも、遡河回遊魚と違って生活環の最も初期に河川域に遡上し石の上に付着する珪藻類などを食んで大きくなり、成熟して海近くまで降下すると礫間を埋める砂利の中に産卵し、やがて孵化した仔魚が浮遊して海に辿りつく両側回遊魚である。ウナギやヨシノボリなどもそうだが、アユこそ「豊川の代表的な通し回遊魚」と言ってよいであろう。

それゆえ、川と海とを行き来するアユに的を絞ってコモンズ豊川の再生をめざす糸口としたい。そもそもアユは、古来「春生じて夏長じ、秋衰えて冬死す、ゆえに年魚と名づく」（『倭名類聚抄』）とされたように、仔稚アユは沿岸沿いの海底近くを移動しながら動物プランクトン並みに海雪（マリンスノー）と呼ばれる有機物の破片を食べ、少し成長すると動物プランクトンであるコペポーダを食べるのが一般的とされる。沿岸域を遊泳しながら六〜九㎝ほどに成長すると、三月〜六月にかけて大きな群れで河口に集まり、川に入るとすぐ藻食に変わり帯状に群れて遡上し、やがて一尾ずつ瀬になわばりをつくり、珪藻類を食んで成熟する一次消費者である。一㎡ほどの「なわばり」には他のアユを寄せつけず、侵入すれば激しく攻撃する。このアユの習性を利用し、豊川でも明治期には、友釣りが盛んに行われるようになったことは先にも記した。ところが、入漁者が多くなる昭和初年から琵琶湖産アユが東海地方において他川に先駆け矢作川や豊川で稚魚放流されるようになる。湖産アユは縄張り意識が強く、侵入してくる囮《おとり》アユを直ちに攻撃するから、友釣りに最適だし、その醍醐味を覚えると釣り人は何度でもリピートするからである。

ところが八〇年代後半から放流するアユ種苗（琵琶湖産稚アユ）が劣化し、人工稚アユに取り換えられる。人工稚アユは「なわばり」を張り難く、すぐに群れたりして姿を消してしまう。天然遡上稚アユも囮アユの侵入に対して反応が鈍い（追いが悪い）という声もある。従って、アユ釣りの釣果は下がるいっぽうとなる。バブル崩壊と〝平成不況〟のなか、遊漁者もどんどん減った時代でもあったのである。

この間、豊川でも急速に河川環境の劣化が進む。前に述べておいたとおり、水質の悪化、流量の減少、川砂利の喪失、河川生態系の攪乱、そうして川底のアーマー・コート化などである．

これら河川環境の劣化は、なにより、親アユの産卵床が失われたり産卵数が急減したりする形をとって現れよう。河川管理者（建設省・国土交通省）が計画し施工してきた中下流域での河道改修（拡幅、掘削）も大きく影響しているであろう。

ところで、アユの生態には分かっていないことがまだまだ多い。たとえば、産卵場所は下流の瀬――たとえば三上橋を挟んでそれぞれ百mほど上下の瀬にある砂礫底であることは分かっている（図Ⅰ－8左参照）。もっとも、以前は二kmほど下流の行明瀬《ぎょうめいのせ》が中心であったが、豊川が分岐する放水路の完成とともに川底や流れ、さらに塩分の遡上など河川環境が変わってしまった。親アユの産卵時期も琵琶湖産アユと天然遡上アユとで一か月ほど異なるが、毎年、ほぼ一〇月～一一月の間のことであることはよく知られている。

しかし、淡水湖である琵琶湖で採捕された稚アユを放流し、成長したアユが産卵・孵化できたとして、それら仔アユが汽水域を流れ下り河口から渥美湾に入る際に塩分耐性がつくのか。沿岸域を回遊しながら成長し再び〝上りアユ〟としてもとの川に遡上（母川回帰）するのか。そもそも琵琶湖産アユと天然遡上アユとは交雑するのかなど、未解明な部分がほとんどだったのである。さらに、アユの生活環のなかで最も大切な内湾における仔稚アユの生態も、久しく分かっていなかった。種苗放流に依存してきた漁業協同組合にとって、天然遡上アユや流域・内湾環境の保全・改善などはほとんど関心外だったという要因も大きかろう。

しかしいまここにきて、それでは済まなくなった。アユ漁が激減し、組合運営が厳しくなっているからである。

ようやく最近、アユの遺伝子モデルを使った集団分析技術が進み始めた。種苗放流がデッドラインにぶつかったことが大きな要因であろう。それゆえ、最近の遺伝子解析により解明されたことは非常に重要なのである。なかでも、稚アユは海の沿岸域でしか生活しないこと。仮に湖産アユと交配しても、湖産アユ本来の性質は消失してしまい、この交雑集団を天然遡上アユの生息河川に放流しても、それは在来種の喪失につながってしまうこと。天然遡上アユ集団の中には地理的距離による隔離によってもたらされる遺伝的分化が存在するらしいこと。とはいえ稚アユには必ずしも母川回帰はなく、ある程度の水質が確保されれば近隣河川にも遡上すること、などが分かりつつある。(18)

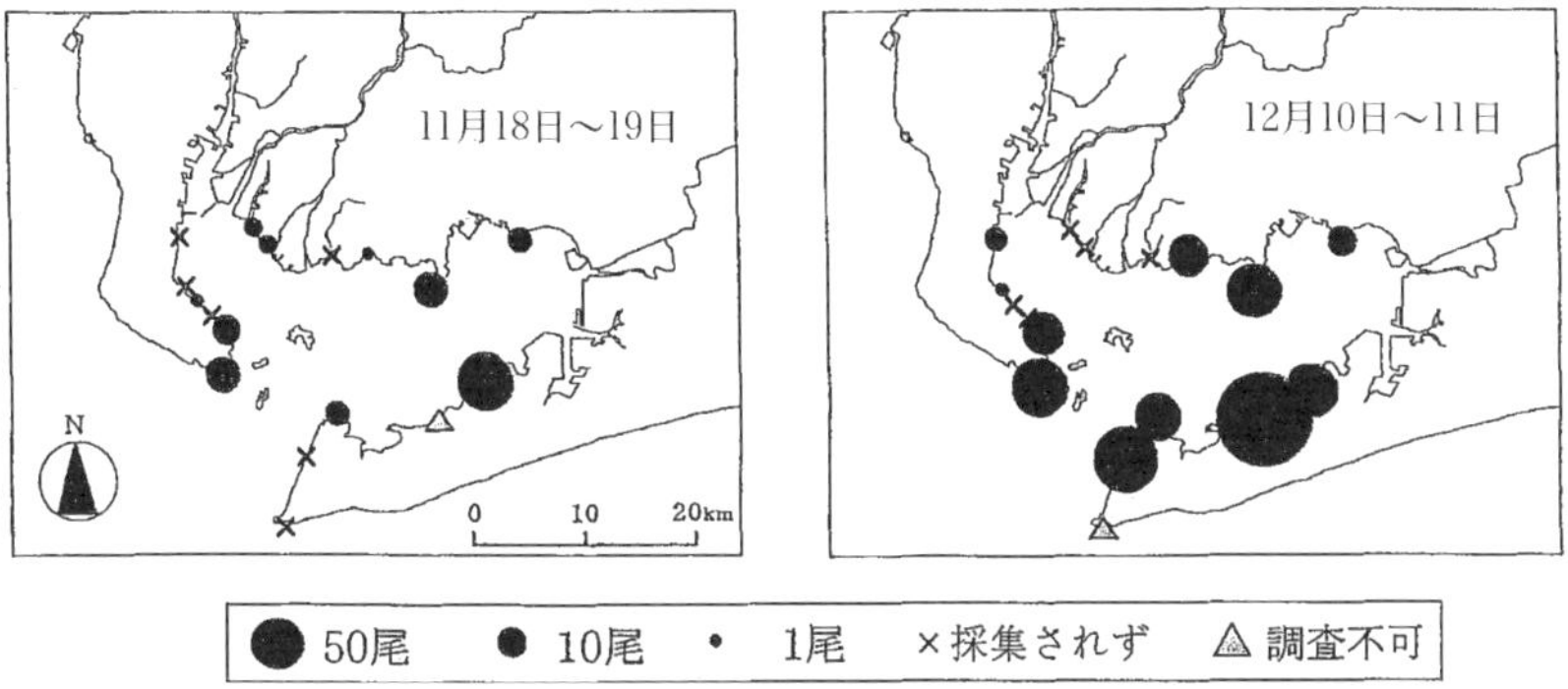

図Ⅱ-5　三河湾全域の砕波帯における稚アユの採集数
注：各地点で50m 曳網した際の平均採集数を、黒の丸を球にみたてた体積に比例させて表現
出典：『矢作川研究　No. 7』（2003）より一部を抜粋

これらの新たな知見をふまえると、矢作川や天竜川の先駆的な取り組みは豊川にとっても重要であろう。矢作川漁業協同組合では、種苗アユの遺伝子レベルの危うさ（単相化）や河川生態系の劣化が表面化し、放流尾数が急減したり放流してもすぐに姿を消したりするような危機的状況を受けて、いち早く天然遡上アユに着目してきた。河川環境の悪化が進み、天然アユの産卵床が失われているとの認識を共有した市民グループの矢作川天然アユ調査会と共同して、産卵場を造成するなど河川環境を守る取り組みを進めてきたのである。[19] 他方で、漁協に先立ち矢作川沿岸水質保全協議会（矢水協）が長年にわたって矢作川の水質汚濁防止に取り組んできたこと（「矢作川方式」として定着）。また、主要な一級河川のほとんどが上流にダム群を抱え、戦後の拡大造林政策により水源の森は杉・桧などの人工林が大半を占め、除・間伐もされないまま放置され荒廃してきたなかで、早くから水源林を確保して的確な森林管理を行ってきた。その延長線上に矢作川水系森林ボランティア協議会（矢森協）が結成されたことなど、要するに〈森と海をつなぐ命の流れ〉（流域コモンズ）の再生に向けて、広く市民に開かれた先駆的な試みがなされてきているのである。[20]

また、天竜川では流域全域にわたり大規模ダム群を階段状に抱え、

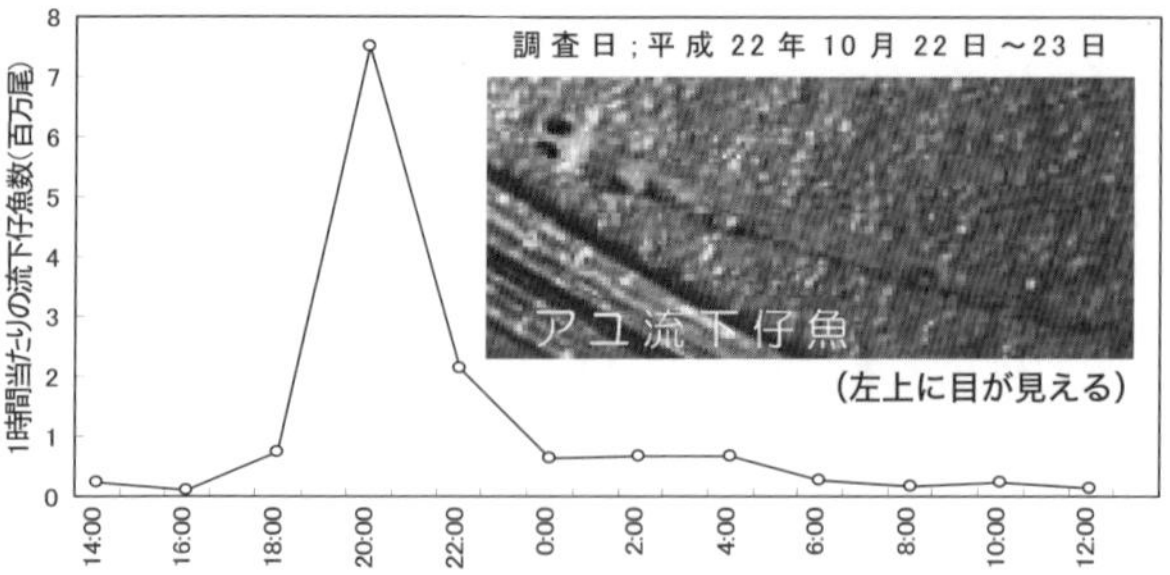

図Ⅱ-6上　時間毎の仔アユ流下尾数

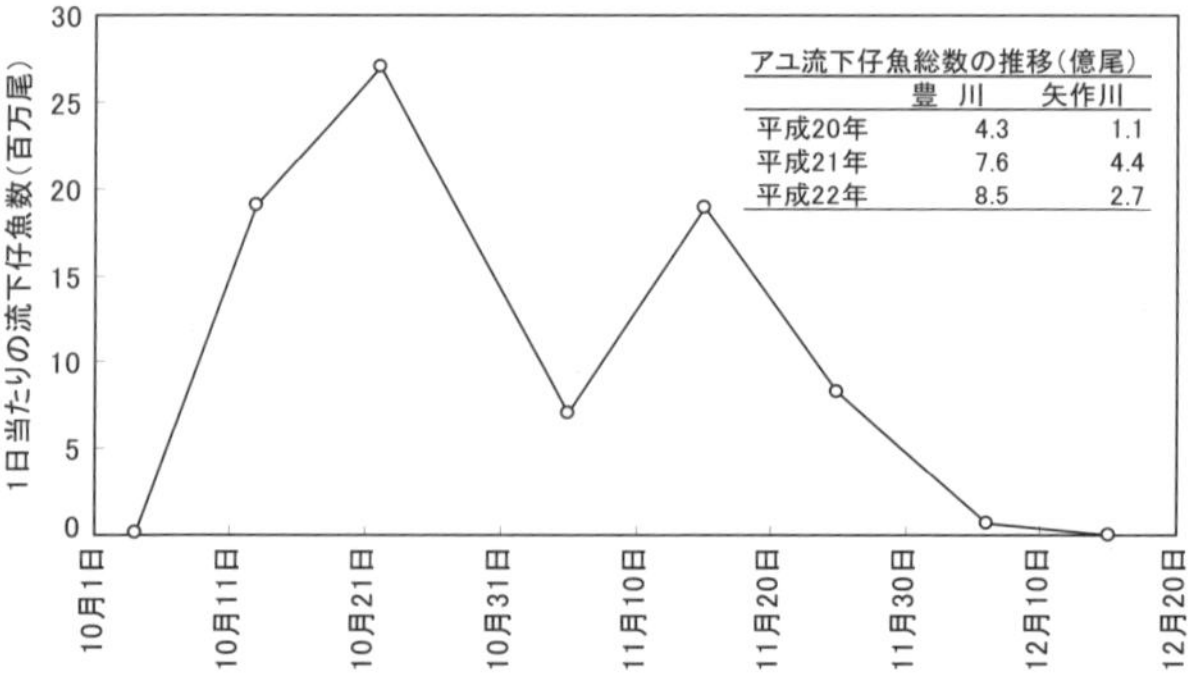

	豊 川	矢作川
平成20年	4.3	1.1
平成21年	7.6	4.4
平成22年	8.5	2.7

図Ⅱ-6下　豊川における仔アユ流下数（2010年度）
出典：愛知県水産試験場三河一宮指導所冷水魚養殖グループ及び豊田市矢作川研究所・矢作川天然アユ調査会による調査結果（『月刊水試ニュース　416号』2011.3）

おまけに上中流域が風化された花崗岩帯のためダム下流は白濁し、シルトや粘土などの微粒子が川床にへばりつく。その結果、最下流の船明《ふなぎら》ダムから河口までわずか二九kmしかない流域で漁業協同組合を存続させるためには、天然アユを保全する以外に道はないと考え、最下流に残るアユ産卵床を守る運動を始めた天竜川漁協などの取り組みもある。[21]

これらはいずれも森—川—海を通じた流域圏づくり（流域コモンズの再生）を基調とする「持続可能な社会」を実現してゆくための重要な手掛かり(川づくり)になるものと思われる。森—川—海を通じた自然流域圏こそが将来の開かれたコモンズとならなければならないからである。つまり、第2章冒頭でも述べた、特定地域の閉じられたコモンズではなく、また特定の遊漁者や漁業組合だけでなく、立場の異なる人びとが主体的にかかわり続ける態度と生活実践（生活知あるいは伝統知）を積み重ねて、人びとがかかわりつつ自然《じねん》との関係性を育てていく新たな自然観を共有しなければならない、ということである。(22)

この小冊子で書いてきた豊川と渥美湾・三河湾の苦境のなか、今まず、私たちがなさねばならぬ第一歩は、天然アユの産卵床づくりに取り組むことと、仔稚アユの動態を丹念に追跡調査し、汽水域および三河湾沿岸域の環境保全の基礎データと重ね合せてデータベース化することではあるまいか。これらの点で、三河湾全域を対象にした豊田市矢作川研究所の仔稚アユ動態調査（図Ⅱ－5を参照）などは非常に貴重な準備作業であるのは間違いない。(23) 同時に、愛知県水産試験場三河一宮指導所冷水魚養殖グループの業務報告（図Ⅱ－6中に表示、「豊川におけるアユ流下仔魚数」）も貴重なデータを提供してくれる。

これら二つのデータは調査時期こそ異なるが、同じ三河湾内に流下するアユ仔魚数でも、矢作川よりも豊川の方が二、三倍多く、三河湾内でも自然海岸沿いに遊泳している稚アユがほとんどだということが一目で分かろう。さらに目を広げてみると、三河湾の各河川から下って内湾の沿岸域を浮遊・遊泳する仔稚アユ群は、三河湾を超えて伊勢湾全域にまで行き来してもいよう。(24) そうだとすれば、なによりもまず、渥美湾臨海部の大規模埋め立てを抜本的に見直し、あわせて豊川最上流に第3章でみておいた、今まさに正念場を迎えている巨大な設楽ダム建設の是非に対して、将来を担う（流域の）若者たちが真剣に向き合う必要があるのは明らかであろう。

注

（1）郷土史家の松山雅要氏（元愛知県職員）は、「穂」から「豊」に転化する以前に、古代朝鮮からの渡来人・秦《はた》氏の影響を強く受けて「豊」（実り豊かなこと）の国の川となったものだろうと主張されている。

（2）詳しくは池田芳雄「河川の争奪と転移——地域の地史とその教材化をめざして」『愛知県科学教育センター研究紀要』45集（一九七一年）を参照。

（3）図I－6上にみられるとおり日本列島の太平洋側に、伊豆七島から小笠原諸島へと伸びる火山列島があり（伊豆・小笠原弧という）、この沖合に北から日本海溝、伊豆小笠原海溝、さらにフィリピン海溝と続くプレート境界があり、太平洋プレートがフィリピン海プレートの下に、さらにフィリピン海プレートが大陸のユーラシアプレートの下に潜り込みつづける。他方、伊豆・小笠原弧の延長上には、本州を東北日本と西南日本に二分する巨大な地溝帯（フォッサ・マグナ）ができていたのであるが、これらプレート運動に伴って二千四百万～一千二百万年前、海底火山の活動によるグリーンタフ（緑色凝灰岩）造山運動がおこり、日本列島を最終的に形成したといわれる。

（4）地震や火山噴出などのあいつぐ地殻変動に見舞われてきた（今もいる）日本列島のあやうさが、そもそもの生いたちに起因しているのは間違いあるまい。

日本列島が大陸から分裂移動して西南日本の骨格ができあがった六千五百万～四千五百万年前（地質年代でいえば新生代古第三紀の暁新生から中新世）以降も大陸プレートと海洋プレートは衝突をくり返してきた。プレート・テクトニクス理論によれば、やや重い海洋プレート（太平洋プレートとフィリピン海プレート）が大陸プレート（ユーラシア・プレート）の下にもぐり、海底で地球内部の方向に引き込まれる。この結果、プレート境界にあたる太平洋側沖の海底に長大な海溝（日本海溝、伊豆小笠原海溝、さらにフィリピン海溝とつづく海底断層帯）が生まれる。

これら海洋プレートのもぐり込みの際、海洋プレートに乗っている海底堆積物などの軽い物質は大陸プレートに押しつけられ、そのときの強い横からの圧力と、堆積物が地下深く押し込まれる高い圧力と温度とで岩床が変成作用を受ける。

さらに、本州中央部のフォッサ・マグナあたりから伊豆七島・小笠原諸島へと伸びる巨大な火山列島（伊豆・小笠原弧）があり、それらが海洋プレートの動きに乗って本州にぶつかってくる。そして造山活動（グリーンタフ造山運動）をくり返す。それに伴って中央構造線も動きつづける。

このように複雑な地殻変動のなかで、日本列島の現在のかたちができあがってきたものと思われる。

しかしながら、全長一千㎞に及ぶ中央構造線は人類が誕生して現在までのところ（新生代第四紀）、四国や紀伊半島部分とは異なり、少なくとも東三河では活断層と呼ぶ断層運動がおきた証拠は見つかってはいない。本文中の図Ⅰ－6下から判るように、奥三河で逆「く」の字形に折れ曲り地殻変動のパワーをうまく吸収しているからであろうか。

以上、湊正雄監修『目でみる日本列島のおいたち＝古地理図鑑』一九七八年、築地書館。湊正雄・井尻正二『日本列島』一九五八年、平朝彦『日本列島の誕生』一九九〇年、石橋克彦『大地動乱の時代』一九九四年、いずれも岩波書店。横山良哲『奥三河一六〇〇万年の旅――設楽盆地の自然と人びと』一九八七年、同『美しき大渓谷一億年の旅』一九九六年、同『愛知県の中央構造線――日本列島の謎を解く鍵』二〇〇七年、いずれも風媒社、などを参照した。

（5）八田耕吉「豊川における底生動物相」『名古屋女子大学紀要』第24号、一九七八年所収

（6）名古屋女子大学生理生態学研究室『愛知県豊川水系の生態』

（7）初代望月喜平次が創始、吉田から玄米を購入し屋敷近くの多連水車で精白、旧御津《みと》町（豊川市）御馬《おんま》に貯蔵倉庫を造り、江戸にも廻送した。後に三輪川右岸沿いに三河大野から三河川合まで望月街道を開削した豪商。

（8）宇野木早苗『河川事業は海をどう変えたか』二〇〇五年、生物研究社。宇野木早苗・山本民次・清野聡子編『川と海――流域圏の科学』二〇〇八年、築地書館。

（9）三河湾研究会編『三河湾――「環境保全型開発」批判』一九九七年、八千代出版。

(10) 河川・湖沼の漁業とその管理主体を法律上、内水面漁業と内水面漁業協同組合という。
(11) この地名の由来は、古代、大村村主《すぐり》が入植したのが起源とされている。もと八名郡行明郷に属し、当時の信州街道筋に栄えた集落だった。だが、一四〇〇年代（明応年間）に四回連続した大地震により豊川の流路が東に移り安久美《あくみ》川（飽海川とも書く。江戸時代には広く吉田川と呼ばれた）に合流し、やむなく一村挙げて移転するに至る。以来、宝飯郡行明郷に属したが、永禄年間の開発により豊田庄が誕生し、宝飯郡豊田庄大村として人口も増加して下郷の中心的存在となった。
(12) 『豊川放水路工事誌　上巻』『愛知県災害誌』など。
(13) 東三河工業開発中央専門委員会『東三河工業開発計画の概要――適地・産業関連施設整備マスタープランの第一次構想』一九六二年、『同第二次構想』一九六三年。
(14) 河川管理施設等構造令では、基礎地盤から堤頂までの高さが一五m以上の許可された河川工作物をいうとされる。
(15) これを不特定利水容量とか不特定容量という。利水容量とはいうものの、下流の流量を増やすのが目的であり、これは不特定多数の人たちに利益をもたらすのだから、費用の大半を出す治水同様に国の特別会計（治水特別会計、現社会資本整備特別会計の治水整備勘定）から支出できるものとされている。
(16) 森誠一編著『淡水生物の保全生態学――復元生態学に向けて』一九九九年、信山サイテック所収の「第4章　移入種の実態と結果」。
(17) 豊橋市自然史博物館長・松岡敬二氏ら「三河湾奥部の河川感潮域貝類」『愛知大学総合郷土研究所紀要』第53号、二〇〇八年所収、また『豊橋自然史博物館研報』№20、二〇一〇年。
(18) 谷口順彦・池田実『アユの遺伝学』二〇〇九年、築地書館。
(19) 矢作川漁協一〇〇年史編集委員会『環境漁協宣言――矢作川漁協一〇〇年史』二〇〇三年、風媒社。
(20) 蔵治光一郎・洲崎燈子・丹羽健司編『森の健康診断』二〇〇六年、築地書館。
(21) たとえば高橋勇夫『天然アユが育つ川』二〇〇九年、築地書館。

(22) 出口晶子『川辺の環境民俗学』一九九六年、名古屋大学出版会、菅豊『川は誰のものか――人と環境の民俗学』二〇〇六年、吉川弘文館、鳥越皓之編『里川の可能性――利水・治水・守水を共有する』二〇〇六年、新曜社、などを参照。
(23) 詳しくは、山本敏哉論文『矢作川研究』No.7、二〇〇三年所収など。
(24) 座談会での矢作川漁業協同組合・新見幾男前組合長談『矢作川研究』No.15、二〇一一年所収。

第1章5節で扱った故横山良哲氏の諸著作はすべて風媒社から出版されたものです。引用した写真、図などはご遺族から提供して頂きました。一部は筆者が大きく改変したところもあります。お断りし、ご遺族と風媒社に厚くお礼申しあげます。

参考文献　もっと深く知りたい人のために

【豊川流域と人びとの営み】
松倉源造・天野武弘『聞き書き・豊川流域の水車製材と筏流送』一九九五年、私家版
松倉源造・柴田康行『天の魚と地の漁りと――豊川における魚の生態と漁撈』一九九九年、私家版
宮沢哲男『豊川流域の水文環境』一九九九年、岩田書院
市野和夫編著『豊川の霞堤と遊水池――賢明な利用を考える』一九九五年、愛知大学中部地方産業研究所

【豊川のダム問題】
松倉源造『精英樹の祈りに似て――設楽ダム反対闘争史断章』一九九二年、私家版
松倉源造・樋口義治・久保修・田中良明『東三河の環境問題』所収の「東三河の河川と水問題」一九九八年、奥三河書房

松倉源造「設楽ダム建設事業における利水計画分析序論」、「ダム事業の再検証案（有識者会議案）は適正かつ有効か」（それぞれ『愛知大学綜合郷土研究所紀要』第53、55輯所収）
松倉源造「設楽ダム利水計画を検証する――農業用水に係る水需給予測の過去と現在」、「設楽ダム利水計画を検証する――都市用水に係る水需給予測の過去と現在」（いずれも『愛知大学短期大学部研究論集』第33、34集所収）

他に、最近のダム問題については、

大熊孝『洪水と治水の河川史』二〇〇七年、平凡社
高橋ユリカ『川辺川ダムはいらない――命を守る公共事業へ』二〇〇九年、岩波書店
嶋津暉之・清澤洋子『八ツ場ダム――過去、現在、そして未来』二〇一一年、岩波書店
宇沢弘文・大熊孝編『社会的共通資本としての川』二〇一〇年、東京大学出版会
今本博健ほか『ダムが国を滅ぼす』二〇一〇年、扶桑社
帯谷博明『ダム建設をめぐる環境運動と地域再生』二〇〇四年、昭和堂　など。

【豊川と三河湾との関係】

西條八束監修『三河湾』一九九七年、改訂版一九九九年、八千代出版
宇野木早苗『河川事業は海をどう変えたか』二〇〇五年、生物研究社
宇野木早苗・山本民次・清野聡子編『川と海――流域圏の科学』二〇〇八年、築地書館　など。

【著者紹介】

松倉　源造（まつくら　げんぞう）

1941年　名古屋市生まれ
1965年　名古屋大学卒業
1967年　同 大学院法学研究科修士課程修了
　愛知県立高校教諭を経て現在、愛知大学非常勤講師

主な著書＝『精英樹の祈りに似て—設楽ダム反対闘争史断章』、『聞き書き・豊川流域の水車製材と筏流送』『天の魚と地の漁りと—豊川における魚の生態と漁撈』（いずれも私家版）、『東三河の環境問題』（奥三河書房。後三書はいずれも共著）など。

NPO「豊川を勉強する会」「豊川を守る住民連絡会議」を創設しほぼ30年間活動。

愛知大学綜合郷土研究所ブックレット ㉑

穂国のコモンズ豊川　森と海をつなぐ命の流れ

2012年 2 月29日　第 1 刷発行

著者＝松倉　源造 ©

編集＝愛知大学綜合郷土研究所
　〒441-8522 豊橋市町畑町1-1　Tel. 0532-47-4160

発行＝株式会社 あるむ
　〒460-0012 名古屋市中区千代田3-1-12　第三記念橋ビル
　Tel. 052-332-0861　Fax. 052-332-0862
　http://www.arm-p.co.jp　E-mail: arm@a.email.ne.jp

印刷＝(株)精版印刷

ISBN978-4-86333-052-8　C0340

刊行のことば

愛知大学は、戦前上海に設立された東亜同文書院大学などをベースにして、一九四六年に「国際人の養成」と「地域文化への貢献」を建学精神にかかげて開学した。その建学精神の一方の趣旨を実践するため、一九五一年に綜合郷土研究所が設立されたのである。

以来、当研究所では歴史・地理・社会・民俗・文学・自然科学などの各分野からこの地域を研究し、同時に東海地方の資史料を収集してきた。その成果は、紀要や研究叢書として発表し、あわせて資料叢書を発行したり講演会やシンポジウムなどを開催して地域文化の発展に寄与する努力をしてきた。今回、こうした事業に加え、所員の従来の研究成果をできる限りやさしい表現で解説するブックレットを発行することにした。

二十一世紀を迎えた現在、各種のマスメディアが急速に発達しつつある。しかし活字を主体とした出版物こそが、ものの本質を熟考し、またそれを社会へ訴える最適な手段であると信じている。当研究所から生まれる一冊一冊のブックレットが、読者の知的冒険心をかきたてる糧になれば幸いである。

愛知大学綜合郷土研究所